essentials

essentials liefern aktuelles Wissen in konzentrierter Form. Die Essenz dessen, worauf es als „State-of-the-Art" in der gegenwärtigen Fachdiskussion oder in der Praxis ankommt. *essentials* informieren schnell, unkompliziert und verständlich

- als Einführung in ein aktuelles Thema aus Ihrem Fachgebiet
- als Einstieg in ein für Sie noch unbekanntes Themenfeld
- als Einblick, um zum Thema mitreden zu können

Die Bücher in elektronischer und gedruckter Form bringen das Expertenwissen von Springer-Fachautoren kompakt zur Darstellung. Sie sind besonders für die Nutzung als eBook auf Tablet-PCs, eBook-Readern und Smartphones geeignet. *essentials:* Wissensbausteine aus den Wirtschafts-, Sozial- und Geisteswissenschaften, aus Technik und Naturwissenschaften sowie aus Medizin, Psychologie und Gesundheitsberufen. Von renommierten Autoren aller Springer-Verlagsmarken.

Weitere Bände in der Reihe http://www.springer.com/series/13088

Rudolf Holze

Elektrische Energie

Speichern und Wandeln

 Springer Spektrum

Rudolf Holze
Institut für Chemie AG Elektrochemie
TU Chemnitz
Chemnitz, Deutschland

ISSN 2197-6708   ISSN 2197-6716   (electronic)
essentials
ISBN 978-3-658-26571-7   ISBN 978-3-658-26572-4   (eBook)
https://doi.org/10.1007/978-3-658-26572-4

Die Deutsche Nationalbibliothek verzeichnet diese Publikation in der Deutschen Nationalbibliografie; detaillierte bibliografische Daten sind im Internet über http://dnb.d-nb.de abrufbar.

Springer Spektrum ist ein Imprint der eingetragenen Gesellschaft Springer Fachmedien Wiesbaden GmbH und ist ein Teil von Springer Nature
Die Anschrift der Gesellschaft ist: Abraham-Lincoln-Str. 46, 65189 Wiesbaden, Germany

Was Sie in diesem *essential* finden können

Grundlegende Informationen zur Wandlung und Speicherung elektrischer Energie mit besonderem Schwerpunkt auf elektrochemischen Verfahren und ihrer Nutzung in hochtechnisierten Gesellschaften mit wachsendem Einsatz erneuerbarer Energien.

Vorwort

In vielen Industriegesellschaften dürfte kaum ein Tag vergehen, an dem Energie nicht in einer Nachricht oder einer Zeitungsmeldung auftaucht. Die Bandbreite der Meldungen reicht von Preiserhöhungen über tatsächliche oder vermeintliche Durchbrüche in Forschung und Entwicklung bis zu Hinweisen auf Notwendigkeiten der Energiepolitik und -wirtschaft. Nahezu stets spielt dabei elektrische Energie eine Rolle. Sei es bei der feierlichen Inbetriebnahme eines Großspeichers, anlässlich erneuter Verzögerungen beim von vielen geforderten und von vielen abgelehnten Ausbau elektrischer Netze oder bei Fortschritten und Rückschlägen des vermehrten Einsatzes elektrischer Fahrzeuge. Zu vielen Meldungen und Diskussionsthemen ist eine eigene Meinung gefragt, bei anstehenden politischen Entscheidungen ebenso wie bei persönlichen Kaufentscheidungen wie auch Verhaltensänderungen ist sie unerläßlich. Viele nötige Kenntnisse könnten Gegenstand des Schulunterrichts sein. Bei aller Attraktivität der gerade hier zentralen Elektrochemie sind Chemie und Physik nicht unbedingt die beliebtesten Schulfächer, zudem steht der mancherorts bedauerte Mangel an FachlehrerInnen einer intensiveren Bildung im Weg. Zudem veralten Kenntnisse vor allem technischer Details in diesem stark interdisziplinären Feld schnell. Mit dem hier vorgelegten Buch wird der hoffentlich hilfreiche Versuch unternommen, die für ein grundlegendes Verständnis und eine Meinungsbildung nötigen Kenntnisse in möglichst allgemein verständlicher Form zu vermitteln. Dabei werden naturwissenschaftliche Grundkenntnisse vorausgesetzt, zum Verständnis von Details chemischer Reaktionen und Zusammenhänge mag im Einzelfall Abiturwissen notwendig und hilfreich sein. Das Buch kann dabei keine Lehrbücher der beteiligten Fachdisziplinen ersetzen, es soll vielmehr den Zugang zu ihnen erleichtern und vielleicht sogar das Interesse an ihnen und einer vertieften Beschäftigung mit seinem

Thema auslösen. Vor allem aber soll es einer ebenso engagierten wie sachlichen und fairen Diskussion den Weg bereiten.

Das Buch entstand auf der Grundlage fachwissenschaftlicher Beschäftigung mit verschiedenen Aspekten der elektrochemischen Energiewandlung und -speicherung in Universitäten. Vorträge wie Veröffentlichungen mit eher populärwissenschaftlichem Charakter haben immer wieder die Brücke in die allgemeine Diskussion geschlagen. Erfahrungen auch daraus haben in einer Freizeitübung dieses Buch entstehen lassen.

Chemnitz, Bangalore, St. Petersburg   Rudolf Holze
und Nanjing
im März 2019

Inhaltsverzeichnis

Bedeutung und Besonderheiten elektrischer Energie

1

Unser Alltag ist allenfalls in seltenen Ausnahmesituationen ohne Nutzung elektrischer Energie vorstellbar. Selbst in der klassischen Urlaubszeit fernab elektrischer Maschinen und vernetzter Büros wird ein Mobiltelefon nicht fehlen, sein Betrieb ist ohne leistungsfähige, kleine und möglichst preiswerte Energiespeicher nicht denkbar.

Unter allen bekannten Energieformen (Wärmeenergie, chemische Energie, Kernenergie, kinetische Energie etc.) gilt sie als die vielseitigste und als die wertvollste. Sie ist leicht zu nutzen, d. h. zu wandeln, sie steht in der Regel auf Knopfdruck bereit, sie ist einfach auch über große Entfernung zu transportieren, sie ist sauber (ihre Nutzung hinterlässt keine unerwünschten Rückstände) und nahezu überall verfügbar. Mitunter wird das Ausmaß ihrer Nutzung als Anzeichen des Entwicklungsstandes einer Technologiegesellschaft verstanden.

Energiemix in Deutschland
Die Quellen der 2016 in Deutschland genutzten elektrischen Energie sind in Abb. 1.1 dargestellt, dabei sind die erneuerbaren Energien noch ausdifferenziert.

Die rapide Zunahme des Anteils erneuerbarer Energie ist in Abb. 1.2 dargestellt.

Ein Blick auf die Details der Beiträge verschiedener Arten erneuerbarer Energie, der zudem die rasche Entwicklung deutlich werden lässt, ist in Abb. 1.3 links beispielhaft dargestellt; die besondere Dynamik des deutschen Strommarktes wird bei Betrachtung der letzten Jahre deutlich (Abb. 1.3, rechts).

Vergleicht man Daten verschiedener Urheber fallen Unterschiede auf. Im vorliegenden Beispiel liegt dies daran, dass ein anderer Urheber (Denkfabrik Agora Energiewende) die öffentliche Bruttostromerzeugung betrachtet und industrielle Stromerzeugung für den Eigenbedarf mit einbezieht. Damit ergibt sich für 2018

© Springer Fachmedien Wiesbaden GmbH, ein Teil von Springer Nature 2019
R. Holze, *Elektrische Energie,* essentials,
https://doi.org/10.1007/978-3-658-26572-4_1

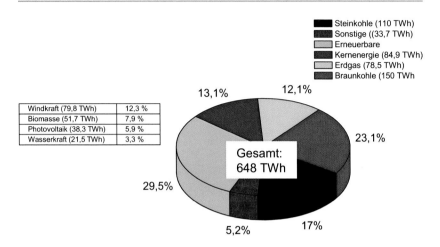

Abb. 1.1 Quellen elektrischer Energie in Deutschland 2016

ein kleinerer Anteil der Erneuerbaren von 35,2 % statt wie statt wie oben dargestellt von 40,3 %. Damit wird der Gesamtbetrag der Erzeugung kleiner, die Anteile verschieben sich ebenfalls. Interessant ist ebenfalls der Anteil an installierter Erzeugungskapazität für die genannten Energieformen, 2018 betrug er in Indien 21 %.

Speicherung elektrischer Energie im Versorgungsnetz
Elektrische Energie hat allerdings einen schwerwiegenden Nachteil: Sie kann nicht gespeichert werden. Im Augenblick ihrer Bereitstellung durch Wandlung z. B. der mechanischen Energie des Windes in einem an das Windrad angeschlossenen Generator muss sie genutzt werden. Umgangssprachlich spricht man dabei von Erzeugung und Verbrauch. Wissenschaftlich ist das falsch, Energie kann weder erzeugt noch vernichtet werden. Diese Formulierung des ersten Hauptsatzes der Thermodynamik hat sich allerdings im allgemeinen Sprachgebrauch nicht durchgesetzt. So unzutreffend es also ist vom Stromverbrauch eines Elektrogerätes zu sprechen, im vorliegenden Kontext wird dieser Gewohnheit mit aller Zurückhaltung gefolgt. Würde man diese Eigenheit elektrischer Energie – Erzeugung und Verbrauch müssen zu jeder Zeit im Gleichgewicht stehen – ignorieren wären die Folgen verheerend: Zu viel in das elektrische Netz eingespeiste Energie führt zu Spannungs- und Frequenzinstabilitäten, die bei den meisten Verbrauchern Störungen oder gar verheerende Schäden zur Folge hätten. In einer auf Verbrennungskraftwerke, Kernkraftwerke und Wasserkraftwerke gestützten

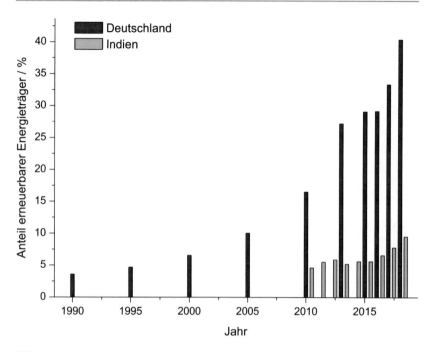

Abb. 1.2 Anteile erneuerbarer Energie an der gesamten deutschen und indischen Stromerzeugung. (Quellen: Statistisches Bundesamt; Bundesministerium für Wirtschaft und Energie; BDEW Bundesverband der Energie- und Wasserwirtschaft e. V.; Statistik der Kohlenwirtschaft e. V.; Zentrum für Sonnenenergie- und Wasserstoff-Forschung Baden-Württemberg (ZSW); AG Energiebilanzen e. V., Business Standard, Chennai, Indien, 09.01.2019)

Energielandschaft lässt sich diese Stabilisierung recht gut durch Regelung der in den Kraftwerken eingesetzten Wandler (Turbinen, Generatoren) erreichen. Der Versuch, aus dem Netz mehr elektrische Energie zu entnehmen als eingespeist wird hat ähnlich nachteilige Folgen. Leichtes Flackern der Beleuchtung beim Einschalten eines besonders leistungsstarken Verbrauchers wird gelegentlich beobachtet. Wenn die genannten Ausgleichsmechanismen nicht ausreichen, kommt es bei größerer Überlastung leicht zu mindestens lokalem Netzausfall. Die zunehmende Nutzung von Wind- und Solarenergie ändert diese Situation grundlegend, und mit zunehmender Nutzung dieser Quellen werden die Anforderungen an zusätzliche Maßnahmen zur Netzregelung und -stabilisierung größer. Dies kann mit dem Umfang benötigter Speicher, die für verschieden lange Zeiträume

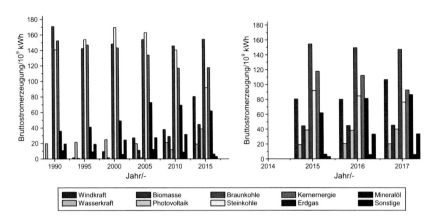

Abb. 1.3 Anteile erneuerbarer Energien an der deutschen Stromerzeugung. (Quellen: Statistisches Bundesamt; Bundesministerium für Wirtschaft und Energie; BDEW Bundesverband der Energie- und Wasserwirtschaft e. V.; Statistik der Kohlenwirtschaft e. V.; Zentrum für Sonnenenergie- und Wasserstoff-Forschung Baden-Württemberg (ZSW); AG Energiebilanzen e. V.)

elektrische Energie aufnehmen und zur Wiederabgabe bereithalten, dargestellt werden (Abb. 1.4).

Für die aus Kurzzeitspeichern entnommene oder in sie eingespeicherte elektrische Energie hat sich der Begriff Regelenergie eingebürgert. Darunter versteht man elektrische Energie, die vor allem aus entsprechend reaktionsschnellen Speichern unterschiedlich schnell bereitgestellt werden kann (Abb. 1.5). Nach einer abrupten Änderung der Energieeinspeisung aus z. B. einer Fotovoltaikanlage durch raschen Wolkenzug oder der Energieabnahme durch Abschaltung eines Großverbrauchers muss innerhalb von Sekundenbruchteilen ein entsprechend leistungsfähiges System, i. d. R. ein Speicher, die zunächst eingetretene Erzeugungslücke schließen oder überschüssige Energie aufnehmen. Vor allem die technischen Vorgaben industrieller Großverbraucher hinsichtlich Frequenz- und Spannungskonstanz machen eine Regelung in einer Sinuswelle unserer gängigen Wechselspannung erforderlich, die Regelzeit beträgt also vereinfacht 1/50 s. Derart schnelle Speicher zur Bereitstellung primärer Regelenergie sind vergleichsweise kostspielig. Da sie nur kurzzeitig in Anspruch genommen werden, kann ihr Speichervermögen relativ klein sein, ihr Leistungsvermögen sollte dagegen so groß wie technisch möglich sein. Sie werden daher zweckmäßig durch etwas langsamere Speicher für sekundäre Regelenergie, deren Wirksamwerden etwas länger dauert, ergänzt. Hier kommen vor allem Speicher- und Wandlersysteme

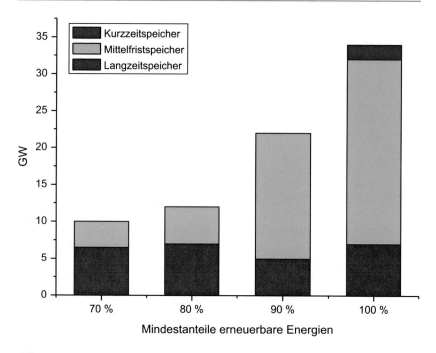

Abb. 1.4 Erwarteter Anteil von verschiedenen Typen von Speichern in Abhängigkeit vom Anteil erneuerbarer Energie an der gesamten Erzeugung elektrischer Energie

in Betracht, deren Umschaltung von Ein- zu Ausspeicherung bereits wenige Minuten dauert und deren Regelverhalten etwas träger und damit langsamer ist. Sollte es nötig sein, kommt schließlich noch die tertiäre Regelenergie aus relativ langsamen Speichern sowie aus regelbaren Kraftwerken hinzu. Abb. 1.5 zeigt dies schematisch. Energie aus Speichern für noch längere Zeiträume für den Ausgleich tages- und jahreszeitlicher Schwankungen wird nicht als Regelenergie bezeichnet.

Technische Lösungen kommen ohne wirksame und schnelle Speicher nicht aus, hier hat die Elektrochemie wichtige Beiträge anzubieten. Ob im Einzelfall, in einem bestimmten Land, einer Region oder einem Industriestandort bereits kritische Bedingungen erreicht sind und die stabile Versorgung mit elektrischer Energie gefährdet ist, wird vermutlich nicht einvernehmlich und verbindlich feststellen sein. Prognosen dazu werden noch schwieriger sein. Einen ersten und vermutlich beruhigenden Eindruck liefert eine Darstellung von Netzausfällen auf Länder bezogen, wie in Abb. 1.6 dargestellt.

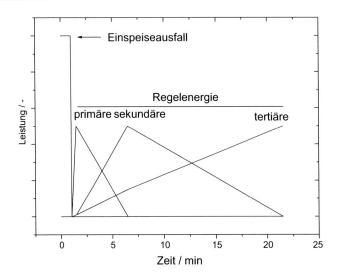

Abb. 1.5 Typen von Regelenergie

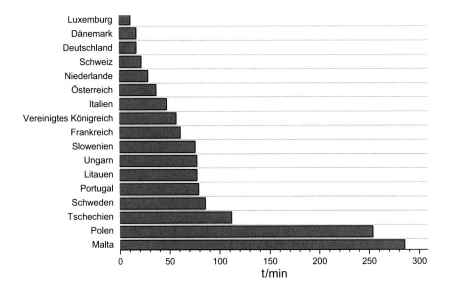

Abb. 1.6 Netzausfälle in min/Jahr in Europa 2013

Aus der Sicht des Endverbrauchers ist vermutlich eine andere Perspektive anschaulicher: In 2015 gab es in Frankreich pro Netzkunde Stromausfälle mit einer Gesamtdauer von 52,6 min, in Deutschland dagegen gab es nur 15,6 min keinen Strom, in Belgien rund 20 min. Entsprechende Werte für 2016 liegen noch niedriger. Neben Speichern kommt einer verstärkten regionalen, vor allem aber überregionalen Vernetzung große Bedeutung zu. Sowohl Windintensität wie Sonneneinstrahlung zeigen regional erhebliche Unterschiede. Eine stärkere Vernetzung erlaubt einen besseren Ausgleich zwischen Orten hohen Verbrauchs wie hoher Erzeugung. Zudem erlaubt die Vernetzung eine weiträumige Nutzung von Speichermöglichkeiten vor allem in großen Mittel- und Langzeitspeichern in z. B. Skandinavien und den Alpenländern.

Hilfreich ist eine genauere Betrachtung zu erwartender Schwankungen auf der Grundlage z. B. langjähriger Wetterbeobachtungen. In einer Studie des Deutschen Wetterdienstes wurde 2018 gezeigt, dass 48-stündige Flautezeiten, in denen überwiegend deutschland- und europaweit Windstille mit Sonnenmangel kombiniert eintreten, im Beobachtungszeitraum 1995–2015 23-mal im Jahr zu einer Minderung der Elektroenergieerzeugung aus Windkraftanlagen auf dem Festland auf 10 % geführt haben. Nimmt man Offshore-Windkraftanlagen in Nord- und Ostsee hinzu, verbleiben noch 13 Fälle pro Jahr, um Fotovoltaik erweitert verbleiben zwei jährliche Fälle, die bei europaweiter Betrachtung auf 0,2 Fälle pro Jahr schrumpfen. Eine verstärkte Vernetzung vermag bereits ohne die Einbeziehung zusätzlicher Speicher das Risiko signifikanter Störungen bei der Versorgung aus erneuerbaren Energiequellen stark zu mindern. Die Notwendigkeit von Speichern kann durch Vernetzung aber nicht vermieden werden.

Ein weiteres Beispiel zeigt die enge Verknüpfung von Speicher und Vernetzung am Beispiel des verschobenen Netzausbaus. Die Stadt Presidio im amerikanischen Bundesstaat Texas liegt in den Wüsten von Westtexas am Fluss Rio Grande. Bis 2010 kam es immer wieder zu Netzausfällen, da die Stadt über eine 60 Meilen lange Hochspannungsleitung (69 kV) aus dem Jahr 1948 im benachbarten Marfa an das Netz angeschlossen war. Das Alter der Anlage, die harschen Umweltbedingungen und häufige Blitzeinschläge führten zur unzuverlässigen Stromversorgung. Der Energieversorger regte den Neubau einer Hochspannungsleitung und weitere elektrische Ausbauten, vor allem aber den Bau einer Natrium-Schwefel-Batterie mit 4 MW Leistung und 32 MWh Speichervermögen an. Die Batterie konnte kurzfristig installiert und 2010 in Betrieb genommen werden. Die neue Hochspannungsleitung konnte 2012 in Betrieb genommen werden, die Batterie bleibt zur lokalen Netzstabilisierung und bei Beschädigung der Hochspannungsleitung durch in diesem Landstrich häufige Unwetter in Betrieb.

Auf der Nutzerseite zeichnen sich ebenfalls neue Entwicklungen mit bislang unbekannten Konsequenzen ab. Nach einer in 1/2018 veröffentlichten Studie stellen

Elektrofahrzeuge, die in größerem Umfang zum Wiederaufladen ihrer Akkumulatoren ans öffentliche Netz angeschlossen werden, eine in ihrer Bedeutung bisher
kaum wahrgenommene Belastung des Niederspannungsnetzes dar. Dabei sind vor
allem Lastspitzen beim gleichzeitigen Ein- und Ausschalten von Ladevorrichtungen
kritisch. Bereits ab 2023 .. 2028 kann es bei einem regionalen Anteil von 30 % von
Elektrofahrzeugen in einzelnen Stadtteilen zu punktuellen Stromausfällen kommen.
Bei einer in der Studie angenommenen Ortsnetzgröße von 120 Haushalten reichen
bereits 36 Fahrzeuge für eine Überlastung aus, wenn die Aufladung ihrer Speicher
nahezu gleichzeitig und mit den für eine rasche Aufladung nötigen hohen Stromstärken erfolgt. Ab 2032 ist ohne vorbeugende Maßnahmen auch im überregionalen
Versorgungsnetz mit flächendeckenden Ausfällen zu rechnen. Technische Lösungsan-
sätze sind bereits jetzt erkennbar. Die Aufladung wird überwiegend nachts stattfinden,
allerdings wird der Ladevorgang nicht die ganze Nacht dauern. Eine intelligente und
vor allem vernetzte Steuerung des Ladegerätes kann einerseits eine Volladung über
Nacht sicherstellen, andererseits eine Verstetigung der Netzbelastung und Vermeidung
ausgeprägter Lastspitzen durch gleichmäßigere Verteilung der Ein- und Ausschalt-
vorgänge vermeiden. Dabei könnten sogar die in den Fahrzeugen verbauten Speicher
selbst als Quelle/Senke der nötigen Regelenergie (mehr dazu folgend) genutzt werden. Derzeit stehen solchen Lösungen u. a. Regelungen des Datenschutzes entgegen.

**Wichtige Begriffe und Definitionen zu Art und Zweck der Energie-
speicherung sind folgend zusammengefasst**

Jahreszeitliche Speicherung: Zum Ausgleich jahreszeitlicher Schwankungen in Angebot und Nachfrage, langsame und kostengünstige große Speicher mit geringer Selbstentladung	**Energiehandel:** Speicherung zum Ausgleich von Preisschwankungen
Frequenzregelung: Speicherung zur Stabilisierung der Netzfrequenz mit schnellsten Speichern	**Lastausgleich:** Speicherung zur Netzstabilisierung, insbesondere der Netzspannung bei Lastwechseln, mäßig schnelle Speicher
Schwarzstart: Speicher, die nach Netzzusammenbruch ohne Fremdspannung Leistung abgeben können	**Ausbauverschiebung:** Speicher zur Stabilisierung eines Netzes bei verzögertem Netzausbau
Spitzenausgleich: Speicher zur Anpassung von Angebot und Nachfrage	**Netzferne:** Speicher zur Versorgung netzferner und netzunabhängiger Verbraucher

Energieumwandlung und Energiespeicherung

2

Für die Speicherung elektrischer Energie gibt es Optionen der direkten Speicherung und der Speicherung auf dem Umweg über eine Wandlung in eine andere speicherbare Energieform, man könnte dies auch als indirekte Speicherung bezeichnen, sie sind in Tab. 2.1 zusammengefasst. Die Nutzung der gespeicherten Energie macht den erneuten Weg, nun in umgekehrter Richtung, erforderlich. Es ergeben sich die in Tab. 2.1 dargestellten Möglichkeiten.

Direkte Speicherung

Während chemische Energie in Form von Kraft- und Brennstoffen ebenso leicht gespeichert werden kann wie Kernenergie in den entsprechenden Materialien für Kernkraftwerke, ist die Speicherung elektrischer Energie weitaus komplizierter. Man kann sie tatsächlich ohne einen Wandlungsvorgang in elektrischen und magnetischen Feldern von Spulen und Kondensatoren speichern. Dies geschieht mit Spulen (Induktivitäten) in der Elektrotechnik seit Jahrzehnten in größtem Umfang. Allerdings nur für sehr kurze Zeit und nur für kleine Energiemengen. Die Speicherung technisch interessanter Energiemengen ist mit prohibitiv hohem Aufwand verbunden: Im Forschungszentrum CERN, Genf, werden im Magneten mit einer Induktivität von 48 H der Wasserstoffblasenkammer (ein Detektor der Kernforschung) 216 kWh bei einem Strom von 5700 A und einem Gewicht von 276 to gespeichert. Schätzungen für größere Speicher (5000 .. 10000 MWh) führen zu Magnetspulen mit einem Durchmesser von etlichen 100 m, die wegen der starken Magnetfelder unterirdisch und fern jeglicher Siedlung errichtet werden müssten. Supraleitende Materialien ändern nur wenig, damit gebaute Speicher sind schon aus Kostengründen allenfalls für Anlagen z. B. der Forschung denkbar oder vereinzelt im Einsatz. Ähnlich aussichtslos stellte sich die Rolle von Kondensatoren, in denen elektrische Energie im elektrischen Feld durch

© Springer Fachmedien Wiesbaden GmbH, ein Teil von Springer Nature 2019
R. Holze, *Elektrische Energie,* essentials,
https://doi.org/10.1007/978-3-658-26572-4_2

Tab. 2.1 Optionen der Speicherung elektrischer Energie

Direkte Speicherung:	Energieeffizienz/%[a]	Entwicklungsstand	Typische Anwendungen
Kondensator	95	-	-
Spule	90–95	-	-
Mechanische Speicherung:			
Pumpspeicherkraftwerk	50–85	Im Markt	Großspeicher
Druckluftspeicherkraftwerk	27–70	Im Markt	Großspeicher
Schwungradspeicher	90–95	Im Markt	Kleinspeicher
Elektrochemische Speicherung:			
Akkumulator	75–95	Im Markt	Portable und mobile Anwendungen, Kleinspeicher
Brennstoffzelle und Elektrolyse	40	Im Markt	Mobile Anwendungen, Kleinspeicher
Redox-Batterie	75–85	Im Markt	Kleinspeicher
Superkondensator	90–95	Im Markt	Portable und mobile Anwendungen, Kleinspeicher

[a]Angaben sind nur als Anhaltspunkte zu verstehen, sie unterliegen laufender Veränderung durch Forschung und Entwicklung. Sie hängen außerdem von den technischen Rahmenbedingungen ab. Betrachtet man die am elektrischen Anschluss in einen Speicher hineingesteckte und eben dort wieder entnommene Energie, wird man wegen der Wandlungsverluste stets eine kleinere Effizienz beobachten als bei einer Angabe, die nur die in den eigentlichen Speicher (Kondensator, Batterie, Schwungrad) hineingesteckte und wieder entnommene Energie betrachtet.

Ladungstrennung gespeichert wird, bis vor wenigen Jahren dar. Wiederum erfreute sich das Prinzip zur kurzzeitigen Speicherung vergleichsweise kleiner Energiemengen Zeit großer Verbreitung. In nahezu allen elektronischen Geräten wie auch zahlreichen elektrischen Geräten sind Kondensatoren unterschiedlicher Bauform und Baugröße unentbehrlich.

Auch hier war das Speichervermögen begrenzt, an eine Speicherung technisch relevanter Mengen elektrischer Energie für Anwendungen jenseits der Forschung

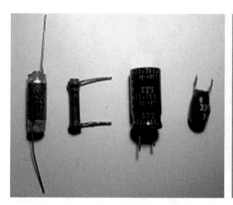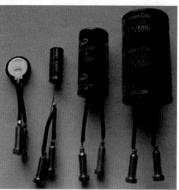

Abb. 2.1 Typische Superkondensatoren (von links: 1 F, 10 F, 50 F und 500 F); zum Vergleich links klassische Kondensatoren (von links: Folienkondensator, keramischer Kondensator, Elektrolytkondensator, Tantalkondensator)

war nicht zu denken. Die Nutzung der kapazitiven Eigenschaft der elektrochemischen Doppelschicht hat zur Entwicklung von Kondensatoren geführt, die als Superkondensatoren rasch breite Anwendung von kleinsten Bauformen in elektronischen Geräten bis zu beeindruckend großen Ausführungen in elektrisch betriebenen Fahrzeugen gefunden hat. Typische Beispiele zeigt Abb. 2.1.

Trotz ihres großen Erfolgs sind die relativ rasche Selbstentladung und das immer noch begrenzte Speichervermögen für eine Energiespeicherung im größeren Rahmen und vor allem für längere Zeit derzeit unrealistisch. Für die kurzzeitige Speicherung im Minuten- bis Stundenbereich werden sie bereits erfolgreich eingesetzt. Bei öffentlichen Verkehrsmitteln wie Bus und Straßenbahn sind schon zahlreiche Beispiele zu beobachten. Abb. 2.2 zeigt eine mit Superkondensatoren als Speicher ausgestattete Straßenbahn.

Im Gegensatz zur mit Oberleitung entlang der kompletten Wegstrecke versorgten klassischen Straßenbahn befindet sich nur ein kurzes Stück Oberleitung an ausgewählten Haltestellen (oben links). Während des planmäßigen Halts werden die Superkondensatoren aufgeladen (die Ladezeiten entsprechen den üblichen Aufenthaltszeiten an einer Haltestelle), wegen der dabei fließenden großen Ströme ist die Oberleitung vergleichsweise massiv. Die Distanz zur nächsten Haltestelle ist bekannt, der bis zu ihrem Erreichen benötigte Energiebetrag gut abschätzbar. Da beim Bremsen freiwerdende Energie wieder in die Superkondensatoren eingespeichert wird, ergibt sich neben vermindertem Verschleiß der Bremsen ein weiterer energetischer Vorteil. Klimaanlagen und andere

Abb. 2.2 Mit Superkondensatoren als Speicher ausgestattete Straßenbahn in Shenyang, VR China; Linie 2, Haltestelle Xinglong Outlets

energiebedürftige Ausstattung führen zu jahreszeitlichen Schwankungen in der Reichweite der Fahrzeuge, Einbußen bei Komfort und Ausstattung sind allerdings nicht vorgesehen und vom Nutzer auch nicht wahrnehmbar.

Auch wenn die technische Entwicklung die Grenzen zwischen Superkondensatoren und Batterien immer mehr verwischt, dürfte sich an dieser Begrenztheit der Superkondensatoren hinsichtlich Speichervermögen (d. h. Energiedichte) und Selbstentladung in absehbarer Zeit wenig ändern, prinzipielle Hindernisse werden weiter unten erläutert.

Bei fast allen Systemen sind Kombinationen denkbar, die Teile eines Konzeptes (z. B. eine Batterieelektrode) mit Teilen eines anderen Konzeptes (z. B. eine Superkondensatorelektrode) verknüpfen. Der Übersichtlichkeit halber wird obenstehende Liste zunächst zur groben Orientierung genutzt.

Mechanische Speicherung

Bei der mechanischen Speicherung wird elektrische Energie zum Antrieb einer Pumpe im Pumpspeicherkraftwerk oder eines Kompressors im Druckluftspeicherkraftwerk genutzt. Wasser wird von einem unteren Wasserbecken in ein oberes Becken befördert, die elektrische Energie ist so in potentielle (Lage-)Energie gewandelt worden. Der Prozess kann zur Entnahme der gespeicherten Energie umgekehrt werden, dabei wird oft statt der Pumpe eine weitere Turbine zur

Wandlung der mechanischen in elektrische Energie genutzt. Bei Speicherung mit Druckluft wird Luft komprimiert und in unterirdischen Kavernen gespeichert. Das Prinzip ist in kleinerem Maßstab schon lange bei Druckluftspeicherlokomotiven im Bergbau und in explosionsgefährdeten Umgebungen im Einsatz sowie zum Start von dieselmotorbetriebenen Generatoren in der Notstromversorgung. Während dort allerdings bei der Ausspeicherung die Pressluft zum Betrieb einer Druckluftmaschine genutzt wird, nimmt man im Druckluftspeicherkraftwerk bei Ausspeicherung die Pressluft zum Betrieb einer Gasturbine, und kann dort also auf die sonst nötige Luftkompression verzichten. Es handelt sich also genau genommen nicht um eine einfache Ein-/Ausspeicherung, sondern um einen kombinierten Vorgang. Beide Systeme sind im Betrieb, vor allem beim Umschalten zwischen Ein- und Ausspeichern, träge. Sie sind vor allem als Langfristspeicher von großer Bedeutung. Zudem sind beide Speicher an topografische und/oder geologische Voraussetzungen gebunden. Bei Pumpspeicherkraftwerken ist eine geeignete Landschaftstopografie erforderlich. Das Vorhandensein eines oberen Speicherbeckens ausreichend größer und nahe einem unteren Becken ist entscheidend. Entsprechende Voraussetzungen werden in Norwegen und in alpinen Regionen Europas angetroffen. In Deutschland sind vorhandene Möglichkeiten bei einer installierten Gesamtleistung von 6,6 GW derzeit weitgehend erschöpft. Neubauten stoßen auf nachhaltigen Widerstand; eine neue Anlage mit 1,4 GW Leistung (Atdorf) war zur Inbetriebnahme in 2024 geplant, mittlerweile wurde das Projekt eingestellt. Weltweit dominiert diese Speicherform mit ca. 90 % der installierten Speicherkapazität.

Für Druckluftspeicher ist eine ausreichend große und stabile meist unterirdische Kaverne, wie sie nach Auslaugung zur Salzgewinnung zurückbleibt, erforderlich. Da bei der Luftkompression ein erheblicher Teil der aufgewendeten Energie in die Erwärmung der Pressluft fließt, ist für einen effizienten Betrieb dieser Anteil nach Möglichkeit durch z. B. Speicherung zu berücksichtigen. Gelingt dies vollständig spricht man von adiabatischer Speicherung, als Speichermedien werden Beton, Öl oder Salzlösungen diskutiert. Eine praktische Realisierung steht aus. Verzichtet man auf diese Speicherung, so liegt eine diabatische Speicherung vor. Da sich die Pressluft bei Expansion erheblich abkühlt, ist ggfs. eine Erwärmung unter Einsatz zusätzlicher thermischer Energie nötig.

Schwungradspeicher nutzen elektrische Energie, um ein Schwungrad in Rotation zu versetzen. Beim Ausspeichern treibt das Schwungrad einen Generator an. Vorübergehend waren Schwungradspeicher in Omnibussen im Einsatz (Oerlikon Gyrobus, 1950iger Jahre, MAN 1990iger Jahre). Mäßige Reichweite, erhebliches Mehrgewicht und nachteilige Einflüsse auf das Fahrverhalten haben den Erfolg dieser Speichertechnik zunächst begrenzt. Die Entwicklung von Materialien,

die den extremen mechanischen Anforderungen vor allem an das Schwungrad und seine Lagerung in diesen Speichern noch besser Rechnung tragen, hat
eine Renaissance eingeleitet. Ihre vergleichsweise hohe Leistung bei mäßigem
Speichervermögen macht sie zu Alternativen elektrochemischer Speicher bei
der Bereitstellung primärer Regelenergie. Ihre kompakte Bauweise erlaubt einen
lokalen und dezentralisierten Einsatz. Wegen bislang hoher Kosten ist ihr Einsatz
nur zur Bereitstellung von Regelenergie realisiert, in New York steht eine Anlage
mit 200 Schwungmassenspeichern für eine Leistung von 20 MW bei einer maximalen Ein-/Ausspeicherdauer von 15 min. Für lokale Anwendungen sind Anlagen
wie im Forschungszentrum Garching bekannt. Dort wird ein 220 t wiegender
Stahlkörper auf 1650 U/min beschleunigt, beim Ausspeichern wird er innerhalb weniger Sekunden auf 1200 U/min abgebremst. Dabei werden für kurze
Zeit bis zu 300 MW elektrische Leistung bereitgestellt. Von 900 kWh maximal
gespeicherter Energie werden dabei nur 400 kWh genutzt. Noch kleinere Speicher wurden z. B. für Kraftfahrzeuge entwickelt.

Elektrochemische Speicherung

Bei der elektrochemischen Speicherung wird (Superkondensatoren bilden
eine Ausnahme) bei der Einspeicherung elektrische Energie für eine elektrochemische Stoffumwandlung in den beiden Elektroden genutzt, die Stoffe mit
höherem Energieinhalt zurücklässt. Bei der Ausspeicherung wird dieser Prozess umgekehrt. Die genannten Speicher unterscheiden sich nur in der praktischen Umsetzung, nicht im Funktionsprinzip. Beim Superkondensator wird wie
beim traditionellen Kondensator elektrische Energie im elektrischen Feld durch
Ladungstrennung ohne elektrochemische Stoffumwandlung gespeichert, bei der
Ausspeicherung wird dies rückgängig gemacht. Dieser grundlegende Unterschied
wird in Abb. 2.3 illustriert.

    Die genannten Beispiele stellen nur den Vorschlag einer Klassifizierung dar.
Traditionell werden elektrochemische Speicher und Wandler in Primärbatterien,
die nicht wieder aufgeladen werden können (und die im vorliegenden Kontext
nicht von Interesse sind), Sekundärbatterien (Akkumulatoren, Sammler, in denen
die Entladereaktionen zur erneuten Energiespeicherung umgekehrt werden können) sowie Brennstoffzellen (in denen lediglich eine Wandlung chemischer in
elektrische Energie stattfindet) eingeordnet.

    In jüngerer Zeit sind Superkondensatoren als weitere Klasse hinzugekommen.
Diese Ordnung ist durch zahlreiche Kombinationen über Klassengrenzen hin-
weg unscharf geworden. So kann die Kombination einer Bleidioxidelektrode,
die weiter unten als Bestandteil des Bleiakkus vorgestellt werden wird, mit einer
Grafitelektrode als negativer Elektrode aus einem Superkondensator erhebliche

Abb. 2.3 Prinzipielle Unterschiede zwischen einem Superkondensator (links), in dem nur Ladungen verschoben werden, und einer Batterie (rechts), in der stoffliche Umwandlungen auch im Volumen stattfinden

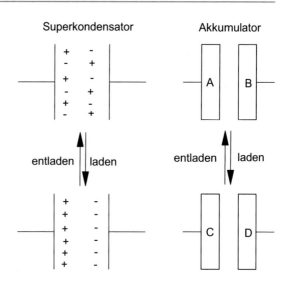

Vorteile bringen, da sie die notorischen Grenzen der negativen Bleielektrode aus dem Bleiakku überwindet. Eine Einordnung dieses Systems in die dargestellte Klassifizierung fällt schwer. Ob dies durch vollmundige Benennung als Hybridbatterie erleichtert wird ist fraglich, bereits der Begriff Hybrid verwirrt mangels einer akzeptierten Definition[1] mehr als er nützt.

Abschließend soll eine Übersicht zu Schlüsseleigenschaften elektrischer Energiespeicher sortiert nach dem Verwendungs- und Einsatzzweck in Tab. 2.2 die Übersicht erleichtern.

Arbitrage meint Stromhandel auf der Grundlage von zeitlich variablen Energiepreisen, Lastfolge bezeichnet die Fähigkeit eines Wandlers der Energieabnahme (Last) in seiner Energieabgabe zu folgen, Schwarzstart meint den Beginn der Energieabgabe ohne äußere unterstützende Energiezufuhr.

---

[1]Hybrid ist vom lateinischen *hybrida* (griech. Ursprung) abgeleitet und meint recht allgemein etwas Gebündeltes, Gekreuztes (z. B. in der Biologie) oder Gemischtes.

Tab. 2.2 Schlüsselmerkmale elektrischer Energiespeicher. (Quelle: Internationale Energie-agentur 2018)

Verwendung	Größe/MW	Entladedauer	Zyklenzahl	Reaktionszeit
Saisonale Speicherung	500 .. 2000	Tage .. Monate	1 .. 5 pro Jahr	Tag
Arbitrage	100 .. 2000	8 .. 24 h	0,25 .. 1 pro Tag	<1 Stunde
Frequenz-regulierung	1 .. 2000	1 .. 15 min	20 .. 40 pro Tag	1 min
Lastfolge	1 .. 2000	15 min.. 1 Tag	1 .. 29 pro Tag	<15 min
Spannungs-regelung	1 .. 40	1 s.. 1 min	10 .. 100 pro Tag	Millisekunden .. Sekunden
Schwarzstart	0,1 .. 400	1 .. 4 h	< 1 pro Jahr	<1 Stunde
Entlastung von Übertragung und Verteilung	10 .. 500	2.. 4 h	0,14 .. 1,25 pro Tag	>1 Stunde
Verschiebung von Investitionen in Übertragung und Verteilung	1 .. 500	2 .. 5 h	0,75 .. 1,25 pro Tag	>1 Stunde
Nachfrage- und Spitzenausgleich	0.001 .. 1	Minuten bis Stunden	1 .. 29 pro Tag	<15 min
Netzferner Betrieb	0,001 bis 0,01	3 .. 5 h	0,75 bis 1,5 pro Tag	<1 Stunde
Integration variabler Energiequellen	1 .. 400	1 min .. Stunden	0,5 bis 2 pro Tag	<15 min
Regelenergie aus rotierenden Generatoren (regelbaren Kraftwerken)	10 … 2000	15 min .. 2 h	0,5 bis 2 pro Tag	<15 min
Regelenergie aus anderen Quellen	10 … 2000	15 min .. 2 h	0,5 bis 2 pro Tag	<15 min

Elektrochemische Verfahren und Systeme der Wandlung elektrischer Energie

3

Ein Verfahren der elektrochemischen Energieumwandlung – die Brennstoffzelle – wird auch als „kalte Verbrennung" bezeichnet. Der Zusammenhang zwischen Energieumwandlung, Verbrennung als der sicher anschaulichsten und unmittelbarsten Umwandlung und der Energetik elektrochemischer Prozesse wird darin angesprochen. Bei einer Verbrennung mit dem Zweck der Freisetzung der dem Reaktionspartner innewohnenden chemischen Energie als Wärme (Reaktionswärme) findet mit Kohlenstoff als Brennstoff und Sauerstoff (z. B. aus der Luft) folgende Reaktion statt:

$$C + O_2 \rightarrow CO_2 \tag{3.1}$$

Dabei wird Kohlenstoff oxidiert, Sauerstoff wird reduziert. Ersetzt man Kohlenstoff durch Aluminium ergibt sich.

$$2Al + 3O_2 \rightarrow Al_2O_3 \tag{3.2}$$

Diese Reaktion läuft mit Freisetzung ganz erheblicher Wärmemenge ab. Sie kann bei Feuerwerken eindrucksvoll beobachtet werden, weniger romantisch, aber nicht minder beeindruckend beim Schienenschweißen mit dem Thermitverfahren. Die freigesetzte Wärme wird auch als Reaktionsenthalpie ΔH bezeichnet. Möchte man sie als elektrische Energie nutzen, sind Umwandlungsvorgänge nötig. Mit der Wärme kann Wasser in einem Kessel verdampft werden, mit dem Wasserdampf kann eine Turbine betrieben werden, und diese treibt einen elektrischen Generator. Betrachtet man die erhaltene Menge an elektrischer Energie und setzt sie in Beziehung zur eingesetzten Wärmemenge, erhält man den Wirkungsgrad η, in diesem Beispiel genauer den elektrischen Wirkungsgrad η_{el}. Mit den Hauptsätzen der Thermodynamik kann der maximale Wirkungsgrad abgeschätzt werden (Carnot-Kreisprozess), praktische Werte in modernen Kraftwerken erreichen

© Springer Fachmedien Wiesbaden GmbH, ein Teil von Springer Nature 2019
R. Holze, *Elektrische Energie,* essentials,
https://doi.org/10.1007/978-3-658-26572-4_3

60 %. Die beiden Teilprozesse der Aluminiumoxidation können ebenfalls in eine
Oxidations- und eine Reduktionsreaktion zerlegt werden:
Oxidation:

$$\text{Al} \rightarrow \text{Al}^{3+} + 3e^- \qquad (3.3)$$

Reduktion:

$$O_2 + 4e^- \rightarrow 2O^{2-} \qquad (3.4)$$

Wenn es schließlich gelingt beide Reaktionen räumlich getrennt durchzuführen
und die bei der Oxidation freigesetzten Elektronen durch einen äußeren Strom-
kreis unter Arbeitsleistung von der negativen Aluminiumelektrode zur positiven Sauerstoffverzehrelektrode zu leiten, hat man eine erste Batterie aus zwei
Elektroden konstruiert. Sie wird als Aluminium-Luft-Batterie bezeichnet. Die
Zellspannung U, die im Leerlauf (ohne elektrische Belastung der Zelle) als U_0
bezeichnet wird, hängt mit den Elektrodenpotentialen der beiden Elektroden nach

$$U = E_{\text{Sauerstoff}} - E_{\text{Aluminium}} \qquad (3.5)$$

zusammen. Der Zahlenwert eines Elektrodenpotentials gibt an, wie leicht ein
Stoff (es muss nicht nur ein chemisches Element sein) oxidiert oder redu-
ziert wird. Stoffe, die sich besonders leicht reduzieren lassen (die also starke
Oxidationsmittel sind), werden bevorzugt an der positiven Elektrode eingesetzt.
Stoffe, die sich dagegen besonders leicht oxidieren lassen (die also starke
Reduktionsmittel sind), werden an der negativen Elektrode eingesetzt. Zahlen-
werte dieser Elektrodenpotentiale (angegeben für Standardbedingungen im
Interesse der Vergleichbarkeit) sind in der elektrochemischen Spannungsreihe
tabelliert, Tab. 3.1 zeigt einen kleinen Ausschnitt.

Im Interesse einer maximalen Potentialdifferenz wird man Elektroden vom
Anfang und vom Ende der Tab. 3.1 zu kombinieren suchen. Mit dem hoch-
reaktiven Fluor wie mit dem ebenfalls extrem reaktionsfreudigen Lithium
dürfte das nicht ganz einfach sein, und bei der Auswahl spielen neben den hier
zählenden energetischen Faktoren auch andere Einflussgrößen eine Rolle. Für
die Aluminium-Luft-Zelle ergibt sich rechnerisch $U_0 = 2{,}89$ V. Praktisch wird
die Spannung deutlich davon abweichen, hier wird sie deutlich kleiner sein.
Wasserstoff nimmt eine besondere Stelle ein: Sein Elektrodenpotential wurde
gleich Null gesetzt. Je negativer ein Elektrodenpotential, umso „unedler" der
betreffende Stoff, alle Stoffe mit einem Elektrodenpotential < 0 V sind grundsätzlich, d. h. unter einem energetischen (thermodynamischen) Gesichtspunkt, nicht
stabil in Wasser. Sie werden Wasser unter Entwicklung von Wasserstoff zersetzen
(reduzieren). Wenn dies nicht unmittelbar sichtbar ist, wenn z. B. Magnesium

Tab. 3.1 Elektrochemische Spannungsreihe (Ausschnitt)

Element	Elektrodenreaktion	Standardpotential/V
Fluor	$F_2 + 2e^- \rightleftarrows 2F^-$	2,87
Sauerstoff	$H_2O_2 + 2H_3O^+ + 2e^- \rightleftarrows 4H_2O$	1,78
Bleidioxid	$PbO_2 + 2e^- + 2H^+ + H_2SO_4 \rightleftarrows PbSO_4 + H_2O$	1,68
Gold	$Au^{3+} + 3e^- \rightleftarrows Au$	1,50
Chlor	$Cl_2 + 2e^- \rightleftarrows 2Cl^-$	1,36
Sauerstoff	$O_2 + 4H^+ + 4e^- \rightleftarrows 2H_2O$	1,23
Eisen	$Fe^{3+} + e^- \rightleftarrows Fe^{2+}$	0,77
Sauerstoff	$O_2 + 2H_2O + 4e^- \rightleftarrows 4OH^-$	0,40
Wasserstoff	$2H^+ + 2e^- \rightleftarrows H_2$	0
Blei	$Pb^{2+} + 2e^- \rightleftarrows Pb$	−0,13
Cadmium	$Cd^{2+} + 2e^- \rightleftarrows Cd$	−0,40
Eisen	$Fe^{2+} + 2e^- \rightleftarrows Fe$	−0,44
Zink	$Zn^{2+} + 2e - \rightleftarrows Zn$	−0,76
Aluminium	$Al^{3+} + 3e^- \rightleftarrows Al$	−1,66
Magnesium	$Mg^{2+} + 2e^- \rightleftarrows Mg$	−2,362
Natrium	$Na^+ + e^- \rightleftarrows Na$	−2,71
Calcium	$Ca^{2+} + 2e^- \rightleftarrows Ca$	−2,87
Lithium	$Li^+ + e^- \rightleftarrows Li$	−3,04

mit Wasser in Kontakt gebracht wird, liegt das an einer kleinen Reaktionsgeschwindigkeit oder der Ausbildung von Deckschichten (Passivschichten), die aus unlöslichen Reaktionsprodukten wie Magnesiumhydroxid oder Magnesiumcarbonat bestehen können. Diese Deckschichten können im Einzelfall (Aluminium) recht stabil sein und das Metall trotz seines thermodynamisch unedlen Charakters als Gebrauchsmetall qualifizieren.

In der dargestellten einfachen Form wird die Sauerstoffreduktion nur in einer Hochtemperaturbrennstoffzelle ablaufen, in einer praktischen bei Umgebungstemperatur betriebenen Zelle wird die Reaktion etwas komplizierter:

$$O_2 + 2H_2O + 4e^- \rightarrow 4OH^- \tag{3.6}$$

Sie kann so in einer als Einsatzbatterie (die erst bei Kontakt mit Seewasser, das auch als Elektrolytlösung dient, funktionstüchtig wird) eingesetzt werden (Abb. 3.1).

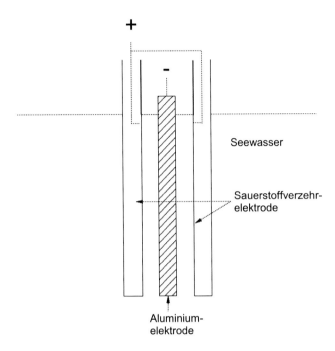

Abb. 3.1 Senkrechter Schnitt durch eine im Seewasser betriebene Aluminium-Luft-Batterie

Betrachtet man die Reaktionsenthalpie für die Zellreaktion, stellt man fest, dass für die Umwandlung in elektrische Energie nur der als freie Reaktionsenthalpie ΔG bezeichnete Anteil zur Verfügung steht, die maximal gewinnbare elektrische Energie ist damit

$$\Delta G = z \cdot F \cdot U_0 \qquad (3.7)$$

mit der ohne elektrische Belastung der Zelle messbaren Leerlaufspannung, der Faraday-Konstanten F und der Zahl der bei der Reaktion laut Reaktionsgleichung übergehenden Elektronen (z). Dieser Wert ΔG wird häufig auch vor allem bei dem Vergleich elektrochemischer und thermischer Prozesse als der untere Heizwert bezeichnet. Der einer Umwandlung nicht zugängliche Teil der Reaktionsenthalpie hängt mit der freien Reaktionsenthalpie gemäß

$$\Delta G = \Delta H - T\,\Delta S \qquad (3.8)$$

zusammen. Für den Vergleich chemischer und elektrochemischer Wandlungs-verfahren ist die rechnerisch aus ΔH (ΔH wird auch als der obere Heizwert bezeichnet) zugängliche, sogenannte thermoneutrale Zellspannung U_{0T} von Interesse:

$$\Delta H = z \cdot F \cdot U_{0T} \qquad (3.9)$$

Schließlich beobachtet man ein Absinken der Zellspannung unter Last, dies ist auf langsame (elektro-)chemische Reaktionen an den Elektroden und auf elektrische Widerstände in der Zelle zurückzuführen. Die tatsächliche Zellspannung ist um diese als Überspannung bezeichneten Beiträge geringer als die Leerlauf-spannung:

$$U = U_0 - \eta \qquad (3.10)$$

Ursachen dieser Überspannungen, die auf die Elektroden bezogen korrekt als Überpotentiale bezeichnet werden sollten, werden weiter unten am Beispiel der Bleielektrode im Bleiakku genauer betrachtet. In Abb. 3.2 sind für eine Brenn-stoffzelle, die bei einer Spannung U^* einen Strom I^* liefert, die dargestellten Zusammenhänge dargestellt. Sie gelten ganz analog auch für andere elektro-chemische Wandler.

Die Zellspannung U wird bei zunehmender Belastung, d. h. bei zunehmendem Strom I, kleiner werden. Die als Produkt $U \cdot I = P$ abgegebene Leistung ver-ändert sich ebenfalls. Sie wird einen maximalen Wert erreichen und zum maxi-malen Kurzschlussstrom bei auf $U = 0$ V abgesunkener Zellspannung abfallen, ebenfalls wird sie bei einem auf $I = 0$ A Leerlaufstrom ein Minimum erreichen.

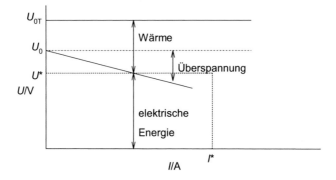

Abb. 3.2 Energetische Zusammenhänge bei einem elektrochemischen Energiewandler

Im betrachteten Beispiel der Aluminium-Luft-Batterie ist die negative Aluminiumelektrode elektrochemisch wie bei einer typischen Elektrode in einer Sekundärbatterie erwartet nicht elektrochemisch durch Umkehr der Elektrodenreaktion wieder aufzuladen. Vielmehr zeigt ein Blick in die elektrochemische Spannungsreihe, dass mit einer wässrigen Elektrolytlösung statt der Reduktion der Aluminiumionen Wasser reduziert, d. h. unter Wasserstoffentwicklung zersetzt wird gemäß

$$2H_2O + 2e^- \rightarrow H_2 + 2OH^- \tag{3.11}$$

Der Verzicht auf Wasser als Lösungsmittel der Elektrolytlösung und der Übergang zu einer nichtwässrigen Elektrolytlösung, in der naturgemäß diese Reaktion nicht stattfinden kann, wäre ein Ausweg. Da die technischen Daten einer Aluminium-Luft-Zelle sehr attraktiv sind, wird dieser Weg intensiv studiert. Neben der elektrochemischen Wiederaufladung kommt auch noch die schlichte mechanische Aufladung in Betracht: Das verbrauchte Metall, das sich nun in der Elektrolytlösung und ggfs. als fester Niederschlag in der Zelle befindet, wird durch frisches Metall ersetzt. Da die Elektrolytlösung nur ein begrenztes Aufnahmevermögen für Aluminiumionen hat, wird man sie ebenfalls ersetzen. Dieses Konzept wurde für den Einsatz in Elektroautos ernsthaft diskutiert. Mit beiden Ansätzen wäre aus der zunächst als Primärbatterie anzusehenden Zelle ein Sekundärsystem geworden. Bereits dieses einfache Beispiel zeigt, dass die vorgeschlagene Klassifizierung zur Orientierung hilfreich sein kann, dass sie aber allen denkbaren Kombinationen und technischen Entwicklungen kaum umfassend Rechnung tragen kann.

Hier sollen aus den drei Kategorien (Sekundärzelle, Brennstoffzelle, Superkondensator) jeweils bereits etablierte und allgemein bekannte Beispiele vorgestellt werden. Zunächst zur Orientierung und zur Verdeutlichung prinzipieller Gemeinsamkeiten wie grundsätzlicher Unterschiede drei Schemata in Abb. 3.3.

Sekundärsysteme

Bleiakkumulator

In einem Bleiakku (die gängige Kurzbezeichnung) werden eine negative Bleielektrode und eine positive Bleidioxidelektrode mit einer wässrigen Lösung von Schwefelsäure (Batteriesäure) zu einer Zelle kombiniert (G. Planté, 1859/1860). Schematisch kann dies für den Fall der Entladung wie in Abb. 3.4 dargestellt werden.

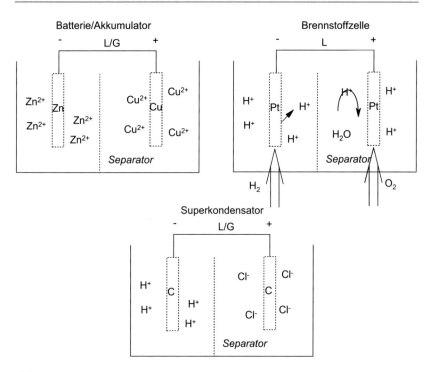

Abb. 3.3 Prinzipien elektrochemischer Wandler and Speicher (L/G: Last/Generator)

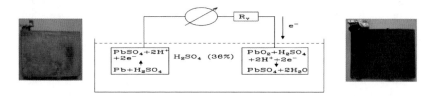

Abb. 3.4 Schema eines Bleiakkus

Für die Ladung ist lediglich der Elektronenfluss umzukehren, als Elektrodenreaktionen ergeben sich

• an der negativen Elektrode:

$$Pb + H_2SO_4 \rightleftarrows PbSO_4 + 2H^+ \tag{3.12}$$

• an der positiven Elektrode:

$$PbO_2 + 2H_2SO_4 \rightleftarrows PbSO_4 + 2H_2O + 2SO_4^{2-} \tag{3.13}$$

Die negative Elektrode wird oft als Anode bezeichnet, weil an ihr eine Oxidation stattfindet. Analog wird die positive Elektrode als Kathode bezeichnet. Da
sich beim Umschalten vom Entladen zum Aufladen die Zuordnungen vertauschen
(aus der Anode wird eine Kathode und umgekehrt) kommt es leicht zu Ver-
wechslungen, daher wird in diesem Buch stets den nachdrücklichen Ratschlägen
der Experten folgend von negativer und positiver Elektrode gesprochen. Dies
stimmt auch mit praktischer Erfahrung überein: Der negative Anschluss einer
Autobatterie wird stets mit der Karosserie verbunden, und das bleibt er auch
beim Laden wie beim Entladen. Beide Reaktionsgleichungen zeigen ein grund-
sätzliches Problem des Bleiakkus: Bei der Entladung wird an beiden Elektroden Schwefelsäure verbraucht, zudem wird Wasser gebildet. Insgesamt kommt
es zu einer Verdünnung der Batteriesäure. Dies mag in der Vergangenheit bei
offenen Zellen eine elegante Möglichkeit der Bestimmung des Ladezustands
geboten haben: Durch eine einfache Dichtemessung mit einem Aräometer konnte
zumindest grob der noch vorhandene Energieinhalt abgeschätzt werden. Die
technischen Nachteile sind aber weit gravierender: Die Verdünnung bewirkt eine
Steigerung des Innenwiderstands und damit eine unerwünschte Begrenzung des
abgebbaren Stroms. Vor allem bei pulsartiger Belastung wie beim Anlassen eines
Motors kann dies enttäuschende Folgen haben.

Einen historischen Bleiakku, der dank seines Glasgehäuses einen Blick ins
Innere gestattet, zeigt Abb. 3.5.

Mit Bleiblech als negativer und oxidiertem Bleiblech als positiver Elektrode
wäre eine leistungsfähige Zelle mit akzeptabler Lebenserwartung allerdings nicht
darstellbar. Die relative kleine Oberfläche blanken Blechs im Kontakt mit der
Batteriesäure stellt nur eine unzureichende Zahl von Reaktionsorten bereit, an
denen die genannten Prozesse ablaufen können. Dies ist für eine negative Elektrode schematisch in Abb. 3.6 dargestellt.

Keiner dieser Teilschritte wird mit grundsätzlich wünschenswerter unend-
lich großer Geschwindigkeit ablaufen. Vielmehr wird jeder auftretende Schritt
mit kleinerer Geschwindigkeit ablaufen. Da die Reaktionsgeschwindigkeit

Abb. 3.5 Historischer
Bleiakku (ohne
Batteriesäure) mit
Glasgefäß, zwei Zellen in
Serienschaltung

Abb. 3.6 Denkbare
Teilschritte einer
Bleielektrodenreaktion
bei der Entladereaktion
(oben, Schritte 1–4) und bei
der Ladereaktion (unten,
Schritte 5–7)

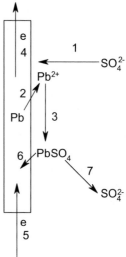

unmittelbar in elektrischen Stromfluss umgerechnet werden kann, ergibt sich entsprechend der begrenzten Geschwindigkeit auch ein begrenzter Strom. Abgesehen vom eher seltenen Fall eines einzigen Teilschrittes als den Strom vollständig kontrollierender Schritt (geschwindigkeitsbestimmender Schritt) werden alle Teilschritte zur Gesamthemmung, d. h. zum Überpotential der Elektrode, beitragen. Es setzt sich daher additiv aus den Beiträgen zusammen:

$$\eta = \eta_D + \eta_K + \eta_{Ad} + \eta_{Krist} \tag{3.14}$$

Mit:

η_D = Durchtrittsüberspannung, Beitrag des gehemmten Ladungsdurchtritts

η_K = Konzentrationsüberspannung, Beitrag einer Konzentrationsminderung für den Ladungsdurchtritt benötigter Reaktanden, wird entsprechend der Ursache auch als Diffusionsüberspannung η_{Diff} bei langsamer Diffusion und Reaktionsüberspannung η_{Reakt} bei einer dem Ladungsdurchtritt vorgelagerten chemischen Reaktion aufgespalten.

η_{Ad} = Adsorptionsüberspannung bei langsamer Adsorption eines Reaktanden auf der Elektrode vor dem Ladungsdurchtritt

η_{Krist} = Kristallisationsüberspannung bei gehemmter Kristallisation bei z. B. Abscheidung von metallischem Blei an der negativen Elektrode

Alle genannten Teilschritte werden im Schema in Abb. 3.7 zusammengefasst dargestellt.

Der an der Phasengrenze Elektrode/Elektrolytlösung (allgemein elektronenleitende/ionenleitende Phase) stattfindende Ladungsdurchtritt, bei dem in den Entladungsreaktionen Bleiionen vom Bleimetall abgelöst werden und in die Elektrolytlösung übertreten, findet im Interesse eines großen Stroms an einer möglichst großen Grenzfläche statt. Dies erreicht man leicht durch Verwendung einer porösen statt einer glatten (Bleiblech!) Elektrode. Für den Bleiakku kann eine solche Elektrode relativ einfach durch Verwendung einer Paste von Bleipulver erreicht werden, die in ein Bleimetallgitter als Stromsammler und mechanische Stütze eingestrichen wird. Bei der Entladung wird Blei in Bleiionen umgewandelt. Diese sind in der Batteriesäure nur wenig löslich, sie werden ganz überwiegend als fein verteiltes Bleisulfat auf der Bleielektrode abgeschieden. Bei längerem Stehenlassen wandeln sie sich in größere Kristalle um (Ostwald-Reifung), dieser Vorgang ist als Sulfatierung gefürchtet. Bei der Wiederaufladung wird metallisches Blei abgeschieden, die dafür nötigen Bleiionen entstehen durch Auflösung des Bleisulfates. Dies ist wiederum ein heterogener Prozess an einer Phasengrenze fest/flüssig. Eine große Grenzfläche ist im Interesse der Bereitstellung möglichst

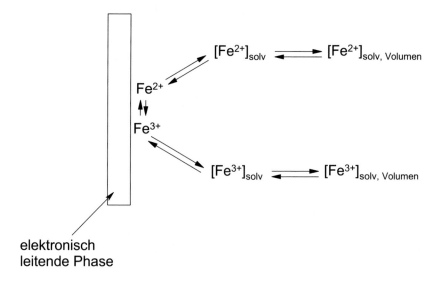

$[Fe^{2+}]_{solv} \rightleftharpoons [Fe^{2+}]_{solv, Volumen}$

Fe^{2+}

Fe^{3+}

$[Fe^{3+}]_{solv} \rightleftharpoons [Fe^{3+}]_{solv, Volumen}$

elektronisch
leitende Phase

Abb. 3.7 Teilschritte einer allgemeinen Elektrodenreaktion (solv: solvatisiert, solv, Volumen: solvatisiert im Lösungsinneren)

vieler Bleiionen durch Auflösung von Vorteil. Feinverteilte Kristalle sind von Vorteil, die Aufladung eines unter Sulfatierung leidenden Bleiakkus geht entsprechend langsam. Führt man die Aufladung bei konstantem Strom durch, kann der gehemmte Nachschub an Bleiionen an der negativen Elektrode zum Einsetzen einer anderen Reduktionsreaktion führen. Dies wird die Wasserstoffentwicklung aus der Batteriesäure sein, der Akku beginnt zu gasen. Die Bleiabscheidung führt bevorzugt zu einer glatten Bleioberfläche, die erwähnten Vorteile der Porosität gehen mit wenigen Lade-/Entladezyklen verloren. Um dies zu verhindern werden der Batteriesäure Stoffe zugesetzt, die eine poröse Abscheidung begünstigen (Expander). Die Vorgänge an der positiven Elektrode sind natürlich chemisch ganz anders, die Teilaspekte und Überlegungen sind dagegen vollkommen analog.

Für einen ausreichend großen Strom aus einem Bleiakku reicht jeweils eine Elektrode nicht aus, es werden mehrere Elektroden parallel geschaltet. Um die von Ionen zwischen den Elektroden zurückzulegenden Wege kurz zu halten werden die Elektroden verschachtelt verbaut. Zur Verhinderung von Kurzschlüssen werden Separatoren zwischen die Elektroden gesteckt. Eine Einzelzelle liefert ca. 2 V, für praktisch brauchbare Spannungen werden mehrere Zellen in Serie geschaltet.

Trotz der großen Verbreitung des Bleiakkus und des damit zusammen-
hängenden Eindrucks, dass hier kein weiterer Forschungs- und Entwicklungsauf-
wand angezeigt ist, hat neben Detailverbesserungen an der Legierung der Gitter,
eingesetzten Expandern und anderen Feinheiten vor allem der Ersatz der negativen Bleielektrode durch eine Grafitelektrode erhebliche Fortschritte gebracht.
Der positive Einfluss von der negativen Elektrode zugesetztem Kohlenstoff (als
Ruß o. ä.) auf eine verminderte Ansammlung von Bleisulfat war schon längere
Zeit bekannt, der Ersatz der Bleielektrode durch eine Superkondensatorelektrode
war schlussendlich nur eine extreme Konsequenz. Während an der positiven Bleidioxidelektrode die bekannte Elektrodenreaktion (s. o.) abläuft, findet an der
negativen Elektrode bei der Ladung die Einlagerung von Protonen statt, die bei
der Entladung wieder ausgelagert werden:

$$nC_6^{x-}(H^+)_x \rightleftarrows nC_6^{(x-2)-}(H^+)_{x-2} + 2H^+ + 2e^- \qquad (3.15)$$

Die negative Elektrode mit typischen Eigenschaften einer Superkondensatorelektrode erlaubt schnelle Aufladung, dies ist vor allem bei solartechnischen
Anwendungen mit zahlreichen Tag-/Nacht-Zyklen interessant. Damit die positive
Elektrode nicht zur Schwachstelle wird, hat man die hochporöse Gitterstruktur
aus der Autobatterie durch eine schlichte Bleifolie praktisch wie von Planté vorgeschlagen ersetzt. Sie erlaubt ebenfalls eine schnelle Ladung, und die von der
negativen Elektrode bekannte Sulfatierung muss an ihr nicht befürchtet werden.

Bevor ein weiteres ähnlich populäres Beispiel einer wiederaufladbaren Batterie betrachtet wird, sollen allgemeingültige Überlegungen zur Auswahl und zu
Kombinationen von Elektrodenmaterialien für einen elektrochemischen Wandler und Speicher sowie zur Ausbildung praktischer Elektroden zusammengefasst
werden:

- Die Elektrodenpotentiale sollten möglichst verschieden sein.
- Pro Massen- und Volumeneinheit soll möglichst viel elektrische Ladung
  umgesetzt werden.
- Die Elektrodenmaterialien sollten preisgünstig und gut verfügbar sein.
- Ihre Gewinnung und Verarbeitung sollten möglichst umweltschonend sein.
- Die Elektrodenreaktionen sollten schnell und mit kleinen Überpotentialen
  ablaufen.
- Die Materialien sollten in der elektrochemischen Zelle stabil sein, neben den
  erwünschten Elektrodenreaktionen unter Last (bei Ladung und Entladung)
  sollten keine anderen Reaktionen (z. B. Korrosion) ablaufen.
- Die Bestandteile einer elektrochemischen Zelle sollten nach Gebrauch möglichst vollständig wiedergewinnbar sein.

Dieser „Wunschzettel" lässt sich noch verlängern, wichtige Gesichtspunkte sind
jedoch enthalten.

Korrosion als nachteilige Veränderung eines Werkstoffes durch elektrochemische Reaktion mit Stoffen der Umgebung spielt anders als die allgegen-
wärtige Korrosion von Eisen (Rost) oder anderen Metallen und ihren Legierungen
in elektrochemischen Zellen eine besondere Rolle: Sie führt nicht nur zur nachteiligen Veränderung von Werkstoffen durch z. B. Durchrostung eines Zellgefäßes gefolgt von Dichtigkeitsverlust, sondern auch durch Umsetzung aktiver
Elektrodenmasse mit der Elektrolytlösung zur Selbstentladung. Darunter versteht man ganz allgemein den Verlust an gespeicherter elektrischer Energie.
Sie kann – wie erwähnt – zu unerwünschter stofflicher Veränderung führen: In
einem Bleiakku kann die Reaktion des metallischen Bleis mit der Batteriesäure
zur Wasserstoffentwicklung führen. Ohne ausreichende Druckentlastung des
Akkus können die mechanischen Konsequenzen verheerend sein, in jedem Fall
kann Blei ohne die erwünschte Abgabe elektrischer Energie umgesetzt werden.
In den Bildbeispielen (Abb. 3.8) wird u. a. die Reaktion der Zinkelektrode mit der
alkalischen Elektrolytlösung zum Druckaufbau geführt haben, ihm konnten die
Dichtungen im Deckel des Zellgefäßes nicht standhalten. Bereits kleinste Mengen austretender Elektrolytlösung reagierten mit dem Kohlendioxid aus der Luft
unter Bildung weißer Karbonatkrusten. Die weitaus stärkeren Schäden am offen-
bar nicht ausreichend korrosionsbeständigen Zellmantel des zweiten Beispiels
ermöglichten den Austritt von Elektrolytlösung mit anschließender Korrosion von
Metallteilen in der Umgebung.

Im vergleichsweise weniger dramatischen Fall der Selbstentladung eines
Superkondensators wird die verlorengehende elektrische Energie in Wärme
gewandelt.

Für den Gebrauchswert eines elektrischen Energiespeichers ist die pro Volu-
men- und Gewichtseinheit gespeicherte Menge elektrischer Energie sowie die
auf diese beiden Parameter bezogene elektrische Leistung, die abgegeben werden kann[1], von großem Interesse. Eine erste theoretische Abschätzung geht vom
Speichervermögen eines Elektrodenmaterials aus. Es wird in Amperestunden pro
Liter oder pro Kilogramm angegeben. Aus der erwarteten Elektrodenreaktion und
weiteren Daten des Materials kann es leicht berechnet werden. Die Tab. 3.2 und 3.3
zeigen einige Beispiele für negative und positive Elektrodenmaterialien.

---

[1]Die aufnehmbare Leistung ist grundsätzlich auch interessant, bei praktisch allen Systemen ist sie allerdings noch immer für z. B. die Anwendung beim rekuperativen Bremsen zu
klein. Daher wird dieser Parameter selten mitgeteilt.

Abb. 3.8 Schäden an Batterien und ihrer Umgebung durch Korrosion und Selbstentladung

Tab. 3.2 Ladungsspeichervermögen Q und weitere charakteristische Daten ausgewählter negativer Elektrodenmassen

Material	Vereinfachte Elektroden-reaktion	$M/g \cdot mol^{-1}$	$M/e/g$	$Q_g/Ah \cdot kg^{-1}$	$Q_v/Ah \cdot L^{-1}$	Nat.Häufig-keit in der Erdkruste/%
Al	$Al \rightarrow Al^{3+} + 3e^-$	26,98	8,99	2980	8040	8,07
Bi	$Bi \rightarrow Bi^{3+} + 3e^-$	208,98	69,66	385	3770	$2 \cdot 10^{-5}$
Cd	$Cd \rightarrow Cd^{2+} + 2e^-$	112,41	56,20	477	4120	10^{-5}
Cu	$Cu \rightarrow Cu^{2+} + 2e^-$	63,443	31,78	843	7490	0,007
Fe	$Fe \rightarrow Fe^2 + 2e^-$	55,85	27,93	960	754	5,05
Fe	$Fe \rightarrow Fe^{3+} + 3e^-$	55,85	18,62	1439	11330	5,05
H_2	$H_2 \rightarrow 2\,H^+ + 2e^-$	2,02	1,01	26590	2,19	0,14
Hg	$H \rightarrow H^{2+} + 2e^-$	200,59	100,3	267	3630	$5 \cdot 10^{-5}$
Li	$Li \rightarrow Li^+ + e^-$	6,94	6,94	3860	2060	0,006
Mg	$Mg \rightarrow Mg^{2+} + 2e^-$	24,31	12,16	2210	3840	1,94
Na	$Na \rightarrow Na^+ + e^-$	22,99	22,99	1166	1130	2,64
Ni	$Ni \rightarrow Ni^{2+} + 2e^-$	58,71	29,36	913	7850	0,019
Pb	$Pb \rightarrow Pb^{2+} + 2e^-$	207,20	103,6	259	2930	0,0018
Sb	$Sb \rightarrow Sb^{3+} + 3e^-$	121,75	40,6	660	4370	$2 \cdot 10^{-5}$
Zn	$Zn \rightarrow Zn^{2+} + 2e^-$	65,38	32,69	820	5850	0,012

Tab. 3.3 Ladungsspeichervermögen Q und weitere charakteristische Daten ausgewählter positiver Elektrodenmassen

Material	Vereinfachte Elektrodenreaktion	M/g · mol^{-1}	M/e/g	Q_g/Ah · kg^{-1}	Q_v/Ah · L^{-1}	nat. Häufigkeit in der Erdkruste/%
$Ag_2V_4O_{11}$	$7Li + Ag_2V_4O_{11} \rightarrow Li_7Ag_2V_4O_{11}$	595,50	85,07	315	1510	–
Br_2	$Br_2 + 2e^- \rightarrow 2Br^-$	79,90	39,95	671	2093	$2 \cdot 10^{-5}$
F_2	$F_2 + 2e^- \rightarrow 2F^-$	38,00	19,00	141	2,19	0,029
O_2	$O_2 + 4e^- \rightarrow 2O^{2-}$	32,00	16,00	3350	4,39	46,71
CuO	$CuO + 2e^- \rightarrow Mn + O^{2-}$	79,55	39,77	674	4370	0,012
MnO_2	$MnO_2 + 4e^- \rightarrow Mn + 2O^{2-}$	86,94	21,73	1233	6203	0,09 (Mn)
NiOOH	$NiOOH + H_2O + e^- \rightarrow Ni(OH)_2 + OH^-$	91,70	91,7	292	1415	0,019 (Ni)
PbO_2	$PbO_2 + SO_4^{2-} + 4H^+ + 2e^- \rightarrow PbSO_4 + 2H_2O$	239,20	119,5	224	2100	0,0018 (Pb)

Für eine Zelle kombiniert man entsprechend der Zellreaktionsgleichung die benötigen Massen der Reaktanden und berechnet so den theoretischen Wert der gravimetrischen und volumetrischen Energiedichte. Dazu nimmt man meist die aus der elektrochemischen Spannungsreihe entnommenen Elektrodenpotentiale und die daraus berechnete Zellspannung an. Mitunter werden auch Energiedichten für einen Reaktanden angegeben – was keinen Sinn macht, da ein Wandler mit einer Elektrode nicht funktionieren kann. Die Angabe, dass bei eine freie Reaktionsenthalpie von $\Delta G = -692,2$ kJ · mol^{-1} für die Methanoloxidation bei einer angenommenen Zellspannung von 1,21 V bei 6 übergehenden Elektroden gemäß

$$CH_3OH + 3/2 O_2 \rightarrow CO_2 + 2H_2O \tag{3.16}$$

eine Energiedichte von 6 kWh · kg^{-1} Methanol ergeben, macht nur Sinn, wenn man eine entsprechende Menge an Sauerstoff berücksichtigt. Bei Systemen, die Luftsauerstoff nutzen (z. B. Metall-Luft-Batterien) wird dies gerne übersehen. Die so erhaltenen Werte sind von begrenztem Nutzen. Sie berücksichtigen so viele Aspekte einer praktischen Zelle nicht, sie sind daher allenfalls als

Anhaltspunkt und Diskussionsargument von Interesse. Praktisch weitaus relevanter sind tatsächliche Energiedichten. Die werden aus dem tatsächlichen Verhalten einer Zelle ermittelt. Ein Vergleich mit den theoretischen Daten zeigt in oft frustrierender Weise, wie wenig von den Möglichkeiten einer Elektrodenkombination praktisch genutzt wird. Der Vergleich zeigt aber auch Entwicklungs- und Verbesserungsspielräume auf. Diese Daten werden weiter unten für verschiedene Systeme verglichen. Daten für ausgewählte Systeme werden hier nicht aufgelistet, sie sind Gegenstand laufender Entwicklung und daher nur begrenzt aussagekräftig. Zudem hängen sie stark von den Messbedingungen ab. Diese sind nur unzureichend definiert, viele Urheber verwenden zudem recht individuelle Messprozeduren und teilen Details nur unvollständig mit. Dabei fällt auf, dass bei experimentellen Daten meist gravimetrische Dichten berichtet werden – obwohl volumetrische praktisch weitaus interessanter sind. Für den Anwender ist vor allem bei nicht-stationärem Einsatz ein möglichst kleines Volumen eines Wandlers und Speichers viel bedeutsamer als ein paar Gramm zusätzliches Gewicht, da meist der zur Verfügung stehende Einbauraum in einem Telefon oder Fahrzeug begrenzt ist.

Lithiumionenbatterie
Während Bleiakkus wegen ihrer Allgegenwart in Kraftfahrzeugen einen großen Marktanteil beanspruchen, ziehen Lithiumionenbatterien[2] wegen des großen Forschungsinteresses und ihres Gebrauchs in Anwendungen des täglichen Gebrauchs (Telefon, Computer) wie großen öffentlichen Interesses (Elektrofahrzeuge, Großspeicher) hohe Aufmerksamkeit an.

Der Vorteil einer Lithiumelektrode ist bereits bei Betrachtung der elektrochemischen Spannungsreihe deutlich geworden. Ebenso deutlich wurde, dass eine wässrige Elektrolytlösung nicht in Betracht kommt. Lithium wäre in seiner metallischen Form nicht stabil. Die Nutzung nichtwässriger Elektrolytlösungen, in denen Wasser durch organische Lösungsmittel, die keine Protonen zur Reduktion und Wasserstoffentwicklung bereitstellen, ersetzt wird, konnte dieses Problem zumindest teilweise lösen. Statt der Batteriesäure (Schwefelsäure), die in Protonen, Hydrogensulfat- und Sulfationen Ladungsträger für den ionischen Stromfluss zwischen den Elektroden bereitstellt, müssen geeignete Leitsalze in diesen organischen Lösungsmitteln aufgelöst werden. Da Lithiumionen bei

---

[2]Zur Unterscheidung von Lihiumbatterien, die als nicht wiederaufladbare Primärbatterien metallisches Lithium enthalten, sind in Lithiumionenbatterien nur Lithiumionen anzutreffen. Der zusätzliche Wortbestandteil ist also entscheidend wichtig.

beiden Elektrodenreaktionen eine zentrale Rolle spielen, werden Lithiumsalze eingesetzt, Beispiele zeigen zusammen mit typischen organischen Lösungsmitteln Tab. 3.4 und 3.5.

Lithium ist auch gegen diese organischen Lösungsmittel thermodynamisch nicht stabil. Es bildet allerdings im Kontakt mit ihnen eine in ihrer Zusammensetzung noch immer nicht vollkommen verstandene Deckschicht aus einer Mischung schwerlöslicher und lithiumionleitender Verbindungen. Diese schützen das Metall vor weiterer Reaktion, wie bereits an anderen Beispielen gesehen tritt eine Stabilisierung aus kinetischen, nicht aber aus thermodynamischen Gründen ein. Diese Schichten sind so stabil, dass Lithiummetall in Lithium(primär)batterien sehr geringe Selbstentladung und entsprechend lange Lagerzeiten zeigt. Der Nutzung von Lithiummetall in wiederaufladbaren Batterien steht noch ein weiteres und bislang nicht überwundenes Hindernis im Weg: Bei der Abscheidung von Lithium aus den genannten organischen Elektrolytlösungen scheidet es sich nicht wie erwünscht glatt und gleichmäßig ab. Anders als bei der Bleielektrode ist eine rauhe oder gar poröse Oberfläche nicht nötig, da die Lithiumelektrodenreaktion sehr schnell abläuft:

$$Li \rightleftarrows Li^+ + e^- \qquad (3.17)$$

Wegen der Ausbildung der genannten Deckschicht, die auch als Festelektrolytschicht Solid Electrolyte Interface bezeichnet wird, wäre eine große tatsächliche Oberfläche wegen des Mehrverbrauchs an Lithium zu ihrer Ausbildung unerwünscht. Die Lithiumabscheidung erfolgt dendritisch, d. h. recht ungleichmäßig unter Ausbildung kleiner Nadeln und anderer Auswüchse. Bei den konstruktiv bedingt kleinen Abständen zwischen den Elektroden kommt es leicht zur Ausbildung eines Kurzschlusses zwischen den Elektroden, stark erhöhtem lokalem Stromfluss, Erwärmung und im ungünstigsten Fall zu verheerenden Reaktionen.

Die Entdeckung der umkehrbaren Einlagerung von Lithiumionen in Schichtverbindungen (Intercalation) hat diese Probleme für die negative Elektrode und recht bald danach auch für die positive Elektrode gelöst. Grafit kann als Wirtsverbindung Lithiumionen aufnehmen:

$$6C + Li^+ + e^- \rightleftarrows LiC_6 \qquad (3.18)$$

Tab. 3.4 Lösungsmittel für Elektrolytlösungen in Lithiumionenbatterien

Name	Strukturformel	Name	Strukturformel
Alkylcarbonate		Aliphatische Ester	
Ethylencarbonat EC		Methylformat	
Propylencarbonat PC		Ethylformat	
Dimethylcarbonat DMC		Methylacetat	
Ethylmethylcarbonat EMC		Ethylacetat	
Diethylcarbonat DEC			
Zyklische Ester		Lactone	
1,3-Dioxolan DN		Valerolacton VL	
Tetrahydrofuran THF		γ-Butyrolacton BL	
2-Methyltetrahydrofuran, 2-MeTHF			

(Fortsetzung)

Tab. 3.4 (Fortsetzung)

Name	Strukturformel	Name	Strukturformel
2,5-Dimethyltetra-hy-drofuran, 2,5-MeTHF			
Aliphatische Ether			
Diethylether DEE		1,2-Dimethoxyether DME	

Tab. 3.5 Leitsalze für Elektrolytlösung in Lithiumionenbatterien

Name; Summenformel	Strukturformel	Name; Summenformel	Strukturformel
Lithiumper-chlorat; LiClO$_4$		Lithiumbis(oxa-lato)borat LiBOB;	
Lithiumhexaf-luorophosphat; LiPF$_6$		Lithiumbis(trif-luoro-methyl-sulfonyl)imid; Li(NSO$_2$CF$_3$)$_2$	
Lithiumhexaf-luoroarsenat; LiAsF$_6$		Lithiumtriflate; LiCF$_3$SO$_3$	

Dieser Vorgang ist zudem gut umkehrbar (reversibel[3]). Beide Prozesse – die Ein-
und die Auslagerung – laufen bei Elektrodenpotentialen in der Nähe des Poten-
tials einer Lithiumelektrode ab. Auch im eingelagerten Zustand bleibt die Ladung

---

[3]Dieses Adjektiv wird in der Elektrochemie mit drei mitunter unklaren Bedeutungen verwendet: Im thermodynamischen Sinn meint es einen Vorgang in Gleichgewichtsnähe, im
chemischen Sinn meint es einen Vorgang, der auf dem gleichen Hin- wie Rückweg nur in
entgegengesetzter Richtung abläuft (hier), und Elektrochemiker meinen damit eine schnelle
Elektrodenreaktion.

des Lithiumions auf ihm erhalten, das zugehörige Elektron hält sich im Grafit auf. Die geladene Elektrode kann also genauer mit $C_x^{m-}Li^{m+}$ beschrieben werden. Der prinzipielle energetische Vorteil einer Lithiumelektrode bleibt erhalten, allerdings trägt das Grafitmaterial zu Gewicht und Volumen bei ohne selbst durch elektrochemische Umsetzung zum Energiegehalt beizutragen. Die Entdeckung der umkehrbaren Einlagerung von Lithiumionen in zahlreiche oxidische und andere Schicht- und Kanalstrukturen bei hinreichend positiven Elektrodenpotentialen machten die uns heute bekannte Lithiumionenbatterie möglich. Für das besonders populäre Lithiumcobaltat (auch: Lithiumcobaltit oder Lithium Kobaltoxid) $LiCoO_2$ ist die Elektrodenreaktion

$$Li_{1-x}CoO_2 + yLi^+ + ye^- \rightleftarrows Li_{1-x+y}CoO_2 \text{ mit } 0 < x < 1 \qquad (3.19)$$

Die Reaktion wird oft vereinfacht angegeben;

$$LiCoO_2 \rightleftarrows Li^+ + e^- + CoO_2 \qquad (3.20)$$

Allerdings ist das nicht sehr stabile Kobaltoxid wenig erwünscht. Während der Entladereaktion wandern Lithiumionen von der negativen in die positive Elektrode, bei der Ladereaktion wird diese Richtung umgekehrt. Vereinfacht wird das Funktionsprinzp der Lithiumionenbatterie in Abb. 3.9 illustriert.

Zur Vergrößerung der für die Elektrodenreaktionen zur Verfügung stehenden Flächen werden die Elektroden als flexible dünne Platten mit Metallfolien als Träger und Stromsammler hergestellt. Mit einem Separator, meist eine mikroporöse Kunststofffolie, werden diese Streifen zu einem Wickel aufgerollt, der mit Elektrolytlösung getränkt in den gezeigten Zellgehäusen verbaut wird. Großzellen für Batteriemodule in Fahrzeugen und ähnlichen Anwendungen verwenden Plattenstapel negativer und positiver Elektroden, die entsprechend elektrisch verbunden werden. Eine gewickelte oder gestapelte Konstruktion dünner Elektroden enthält relativ viel Separator und als Stromsammler und mechanische Stütze dienende Metallfolie, dies beeinträchtigt die erreichbare Energiedichte. Für einige Batterien werden (oder wurden) „High energy"-Versionen mit dicken Elektroden oder ganz ohne Wickelkonstruktion hergestellt. Die hier beschriebene Bauform wird als „High power"-Version bezeichnet. In speziell für die Anwendung in Fahrzeugen hergestellten Lithiumionenbatterien werden unterschiedliche Elektrodenstrukturen verwendet, die die beschriebenen Überlegungen aufgreifen und die im Einzelfall Batterien zu erhöhter Leistung bei etwas vermindertem Energieinhalt verhelfen. Grundsätzlich ist aber der Wirkungsgrad einer Batterie prinzipbedingt etwas geringer als der eines Superkondensators, und dieser Unterschied macht sich in erhöter Wärmeentwicklung einer hoch belasteten Batterie

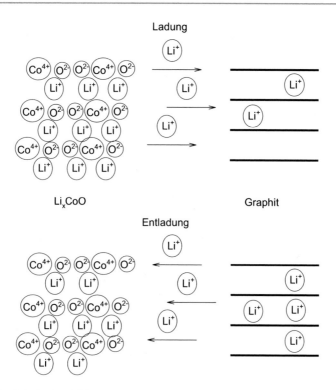

Abb. 3.9 Prinzip einer Lithiumionenbatterie

bemerkbar. Für die Lebensdauer der Batterie ist dies abträglich, zudem erzwingt dies meist weitere Maßnahmen zur Kühlung.

Neben konstruktiven Details verdient auch ein grundsätzlicher Aspekt zum Verständnis bereits erreichter Daten wie auch der wissenschaftlich-technischen Entwicklung Beachtung: Die allgemeine Funktionsweise eines Elektroden-materials. Man kann – wie in Tab. 3.6 gezeigt – drei Funktionsweisen unter-scheiden.

Bei den beschriebenen Elektrodenmaterialien für bereits etablierte Lithi-umionenbatterien dominiert das Interkalations- oder Einlagerungs-Prinzip.[4] Da relativ viel Masse als Wirtsmaterial dient und zwar in die Massen- und

---

[4]Mitunter wird auch von Insertion gesprochen.

Tab. 3.6 Grundsätzliche Arbeitsweisen von Elektrodenmaterialien

Arbeitsweise	Ausmaß struktureller Veränderung	Materialausnutzung	Kapazität	Beispiele
Interkalation	Niedrig	Niedrig	Gering	Grafit, $LiCoO_2$
Legierung	Mittel	Mittel	Mittel	Zinn, Silizium
Konversion	Hoch	Hoch	Hoch	Blei, Lithium

Volumenbilanz eingeht, selbst aber an der Elektrodenreaktion nicht oder nur in begrenztem Umfang eingeht ist das Leistungsvermögen mäßig. Bildet sich bei der Elektrodenreaktion eine Legierung oder eine legierungsartige Verbindung mit z. B. Zinn ($Li_{22}Sn_5$) oder Silizium ($Li_{22}Si_5$) und geschieht dies umkehrbar in der Nähe des Elektrodenpotentials der Lithiumelektrode ergeben sich erhebliche Vorteile durch viel weitergehende Nutzung des Elektrodenmaterials. Wird das Elektrodenmaterial selbst chemisch umgewandelt wie das Lithiumblech in einer Lithiumbatterie oder das Blei der negativen Elektrode in einem Bleiakku werden die Daten i. d. R. noch vorteilhafter. Allerdings sind meist die Herausforderungen bei der technischen Realisierung vor allem für wiederaufladbare Elektroden auch in dieser Reihenfolge größer.

In Forschung und Entwicklung wird intensiv versucht, das dargestellte Speicherprinzip in allen Details zu verbessern. Zur Minderung des Sicherheitsrisikos werden andere Speichermaterialien in der positiven Elektrode untersucht, zudem wird versucht, die brennbaren organischen Lösungsmittel der Elektrolytlösung durch Wasser zu ersetzen. Zur Steigerung des Speichervermögens wird weiterhin nach Möglichkeiten der nichtdendritischen Lithiumabscheidung gesucht.

Da die Lithiumvorräte begrenzt sind, werden Alternativen wie Natrium oder Calcium ebenfalls studiert.

Wässrige Sekundärsysteme

Auch wenn die Lithiumionenbatterien aus verschiedenen Gründen im Vordergrund stehen gibt es weitere Speichersysteme, die meist schon längere Zeit am Markt etabliert und in der technischen Anwendung verbreitet sind. Dazu gehört vor allem das Nickel-Metallhydridsystem. In ihm laufen an der positiven Elektrode

$$Ni(OH)_2 + OH^- \rightleftarrows NiOOH + H_2O + e^- \qquad (3.21)$$

und an der negativen Elektrode

$$H_2O + M + e^- \rightleftarrows MH + OH^- \qquad (3.22)$$

mit der Zellreaktion

$$Ni(OH)_2 + M \rightleftarrows NiOOH + MH \qquad (3.23)$$

ab. M bezeichnet ein metallisches Wasserstoffspeichermaterial. Derzeit ist dies meist eine sog. AB_5-Legierung wie $LaNi_5$. Beide Elektroden werden als poröse Platten zur Steigerung der elektrochemisch aktiven Oberfläche und damit der Strombelastbarkeit eingesetzt. Wie bereits bei der Lithiumionenbatterie beschrieben werden diese Platten unter Zwischenlage eines Separators aufgewickelt in der Zelle eingesetzt. Diese Zellen haben die vorher weitverbreiteten Nickel-Cadmium-Akkumulatoren vor allem dank ihres deutlich größeren Speichervermögens und des Fehlens des sog. Memoryeffektes der NiCd-Akkumulatoren weitgehend ersetzt. Wegen ihres Cadmiumgehaltes sind NiCd-Akkumulatoren in vielen Ländern zumindest für Konsumanwendungen und nichtkommerziellen Einsatz verpönt oder gar verboten, wegen ihrer für einige Anwendung vorteilhaften Leistungsdaten vor allem beim Laden und Entladen mit hohen Strömen und ihrer Stabilität selbst unter ungünstigen Bedingungen (z. B. Überladung) sind sie dennoch vorläufig nicht entbehrlich. Abb. 3.10 zeigt den Querschnitt einer Ni-Cd-Knopfzelle.

Die bemerkenswerte Stabilität, lange Lebensdauer und geringen Wartungsansprüche machen NiCd-Akkumulatoren für besondere Anwendungen z. B. im Zusammenhang mit Fotovoltaikanlagen noch immer sehr attraktiv. Die 680 km lange Ölpipeline NK1 zwischen den Ölfeldern von Haoud El Hamra im Landesinneren von Algerien und dem Mittelmeerhafen Skikda ist mit kathodischem Korrosionsschutz ausgerüstet. 36 Installationen im Abstand von 20 km beziehen die nötige elektrische Energie aus Fotovoltaik, als Speicher sind im Erdboden wegen der besseren Temperaturbedingungen untergebrachte NiCd-Zellen vorgesehen. Nur alle vier Jahre nötige Wartung, hohe Effizienz und Zuverlässigkeit auch bei den extremen Temperaturen von $-50\,°C$ bis $70\,°C$ haben zur Auswahl dieses Speichers geführt.

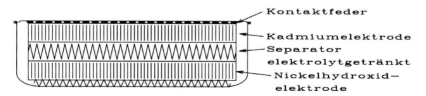

Abb. 3.10 Querschnitt einer Ni-Cd-Knopfzelle

Der schon von T. A. Edison beschriebene und produzierte Nickel-Eisen-Akku-
mulator war wegen der hohen Selbstentladung vor allem der Eisenelektrode, der
relativ hohen Materialkosten und der niedrigen Energiedichte trotz seiner Robust-
heit und langen Lebensdauer mit Ausnahme weniger Anwendungen in der unterbrechungsfreien Stromversorgung weitgehend in Vergessenheit geraten.

Die Reaktionen an der positiven Elektrode:

$$2NiO(OH) + H_2O + 2e^- \rightleftharpoons 2NiO + 2\,OH^- \tag{3.24}$$

und an der negativen Elektrode:

$$Fe + 2OH^- \rightleftharpoons Fe(OH)_2 + 2e^- \tag{3.25}$$

laufen in einer wässrigen Lösung mit Kalium- und Lithiumhydroxid als Elektrolyt ab. Während der Entladung wird Wasser verbraucht, anders als in der
Bleibatterie wird der Elektrolyt nicht aufgebraucht, es kommt also zu keinen
nachteiligen Veränderungen in den Eigenschaften der Elektrolytlösung. Ver-
besserungen in der Materialausnutzung der Eisenelektrode und Minderung der
konkurrierenden Wasserstoffentwicklung haben zu Steigerungen der Energiedichte geführt, der Einsatz von Zusätzen in der porösen Eisenelektrode vermindert die Selbstentladung. Da die Batterie weder Cadmium noch Blei enthält,
sind die bei anderen Akkumulatoren wirksamen Einschränkungen wegen der Verwendung gefährlicher Substanzen nicht wirksam. Dank verbesserter Leistungsdaten und einer bemerkenswert hohen Zyklenzahl weit jenseits der mit einem
Bleiakku möglichen Werte zeichnet sich eine Renaissance des Systems ab.

Weitere Sekundärbatterien sind teilweise schon seit längerer Zeit bekannt,
aber im Gegensatz zu den oben beschriebenen Systemen weniger verbreitet
und vor allem für den Endverbraucher kaum sichtbar. Dazu gehört die Natrium-Schwefel-Batterie. Geschmolzenes Natrium dient als negative Elektrode:

$$Na \leftrightharpoons Na^+ + e^- \tag{3.26}$$

während geschmolzener Schwefel die Reaktion der positiven Elektrode ermöglicht:

$$5S + 2Na^+ + 2e^- \leftrightharpoons Na_2S_5 \rightleftharpoons Na_2S_3 + S_2 \tag{3.27}$$

Vereinfacht ergibt sich die Zellreaktion:

$$3S + 2Na \leftrightharpoons Na_2S_3 \tag{3.28}$$

Eine Natriumionen leitende Keramik dient als Festelektrolyte. Die Betriebstemperatur liegt bei $T = 350\,°C$, weit oberhalb der Schmelzpunkte der beiden
Elektrodenmassen ($T_{Smp,Schwefel} = 115{,}2\,°C$, $T_{Smp,Natrium} = 97{.}8\,°C$). Bei dieser

Temperatur ist auch der Festelektrolyt ausreichend elektrisch leitend. Einen schematischen Querschnitt zeigt Abb. 3.11.

Vorteilhaft bei diesem System sind die beiden in nahezu beliebigen Mengen kostengünstig verfügbaren Elektrodenmaterialien. Die Elektrodenreaktionen laufen schnell ab, die Zellen zeigen vorteilhafte Leistungsdaten. Nachteilig ist die erhöhte Betriebstemperatur, die an die Aufrechterhaltung einer günstigen Betriebstemperatur ohne Überhitzung oder unzulässige Abkühlung erhebliche Anforderungen stellt. Zudem werden Material- und Korrosionsprobleme verursacht durch die chemisch aggressiven Komponenten durch die erhöhte Temperatur nicht geringer. Schließlich ist die Herstellung einer dünnen und zugleich stabilen Festelektrolytmembran zu attraktiven Preisen noch immer nicht befriedigend realisiert.

Statt geschmolzenem Schwefel können auch geschmolzene Metallchloride wie $NiCl_2$ eingesetzt werden, als vereinfachte Zellreaktion ergibt sich

$$Na + NiCl_2 \rightleftarrows Ni + 2NaCl \qquad (3.29)$$

Diese Zellen haben ihre Tauglichkeit bei einem Großversuch mit Taxis in London unter Beweis gestellt, allerdings sind die gleichen Herausforderungen an den natriumleitenden Festelektrolyt zu bewältigen. Details im Verhalten der Komponenten vor allem bei Schäden an der Membran (Bruch), Über- und Tiefentladung führen zu einem insgesamt sichereren Betrieb als einer Na/S-Batterie. Dennoch bestehende Sicherheitsbedenken und die verheerenden Folgen bei unkontrollierter

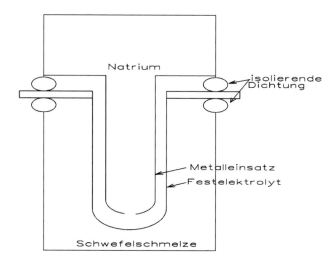

Abb. 3.11 Schematischer Querschnitt einer Natrium-Schwefel-Batterie

Abkühlung bis zum Einfrieren haben das Interesse an diesen Systemen für mobile Anwendungen schrumpfen lassen. Für stationäre Anwendungen sind diese Hindernisse wenig bis gar nicht relevant. Vergleichend zeigt Tab. 3.7 typische Daten des vorgestellten Systems, eingeschlossen ist die Redoxbatterie, die weiter unten beschrieben wird.

Brennstoffzelle und Elektrolyse
In einer Brennstoffzelle werden zugeführter Brennstoff und Oxidationsmittel umgesetzt, eine Speicherung findet nicht statt. Sobald die Zufuhr auch nur einer der beiden Komponenten unterbrochen wird, brechen
Zellspannung und Stromfluss zusammen. Abb. 3.12 zeigt in sehr allgemeiner Form Funktionskomponenten und ihre Anordnung.

Das Funktionsprinzip ist nahezu universal und einfach: Die gasförmigen Betriebsstoffe werden den beiden porösen Elektroden zugeführt. Diese bestehen aus einem porösen Trägermaterial (aus Kohlepulver mit einem Bindemittel verpresst, gesinterte Metallkörper o. ä.), der wenn nötig mit einem Katalysator belegt ist. Dieser Körper wird mit Elektrolytlösung benetzt, es bildet sich in seinem Porensystem eine Dreiphasengrenze aus. An ihr stehen die ionisch leitende Elektrolytlösung, die Gasphase und der elektronisch leitende poröse Festkörper miteinander im Kontakt. Der Elektrolytfilm ist in dieser Zone besonders dünn, dies erleichtert den Gastransport durch die Flüssigkeit zum Reaktionsort auf der Festkörperoberfläche. Abb. 3.13 zeigt dies schematisch für hydrophobes und hydrophiles Elektrodenmaterial.

Tab. 3.7 Typische Daten ausgewählter wiederaufladbarer Systeme

Eigenschaft	Bleiakku	Lithiumionenbatterie	Natrium-Schwefel	Redoxbatterie
Einzelzellspannung/V	2,15	3–4	2	1,3
Selbstentladung/% · Monat^{-1}	3–5	1–3	0	<5
Effizienz/%[a]	70–80	>95	95	>75
Lebensdauer/Zahl der Ladungen/Entladungen[a]	1500	500–7000	3000	>100000
Kosten[b] Batterie/€ · kWh^{-1}	100	300–500	100–200	–

[a]Die Daten sind nur als Anhaltspunkt zu verstehen
[b]Die Abgrenzung zwischen portabel und mobil ist nicht verbindlich definiert, vermutlich kommt die Annahme, dass jede vom elektrischen Netz unabhängige und nicht ortsgebundene Anwendung als mobil, und jede zudem noch tragbare Anwendung als portabel bezeichnet wird, einer solchen Abgrenzung nahe

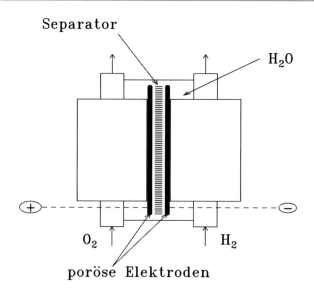

Abb. 3.12 Schema einer Brennstoffzelle

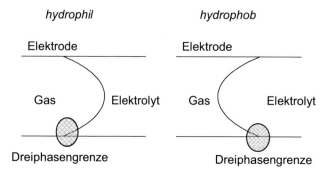

Abb. 3.13 Dreiphasengrenzen in porösen Elektroden

Ein hydrophiles Elektrodenmaterial wird leicht benetzt, wegen der Oberflächenspannung werden vor allem kleine Poren mit Elektrolyt gefüllt, während große Poren frei bleiben und so dem Gastransport dienen können. Bei einem hydrophilen Material ist es praktisch umgekehrt. Ein Elektrolyt verbindet die beiden Elektroden, zur Verhinderung elektrischen Kontaktes wird meist ein

Separator eingebracht. Die an einer Brennstoffzelle im Betrieb gemessene Spannung U und der abgegebene Strom I verändern sich mit der Belastung der Zelle,
die abgegebene Leistung zeigt dabei den in Abb. 3.14 dargestellten typischen
Verlauf.

Dieser Verlauf legt den Betrieb einer Brennstoffzelle am Leistungsoptimum
dar, technische Lösungen dazu werden im Folgekapitel vorgestellt.

Zahlreiche verschiedene Brennstoffzellen auf der Grundlage grundsätzlich
verschiedener Betriebsweisen wurden vorgeschlagen. Eine erste Klassifizierung
beruht auf der ungefähren Betriebstemperatur und dem verwendeten Elektrolyt-
system. Bei Raumtemperatur arbeiten vor allem Brennstoffzellen mit alkalischer
Elektrolösung (z. B. wässrige Lösung von Kaliumhydroxid). Bei leicht erhöhter
Temperatur (bis ca. 100 °C) arbeiten Zellen mit festen Polymerelektrolyten.
Noch höhere Temperaturen werden in Brennstoffzellen mit hochkonzentrierter
Phosphorsäure erreicht (ca. 200 °C). Geschmolzene Karbonate (meist Mischun-
gen aus Lithium- und Kaliumcarbonat) dienen in Brennstoffzellen mit einer
Betriebstemperatur um 600 °C als Schmelzelektrolyt. Sauerstoffionen-leitende
Festelektrolyte (Keramiken) mit einer Betriebstemperatur von 500 bis 1000 °C
werden in Hochtemperaturbrennstoffzellen eingesetzt. Weitere Klassifizierungen
bezogen auf den eingesetzten Brennstoff (Wasserstoff, Alkohol) oder den

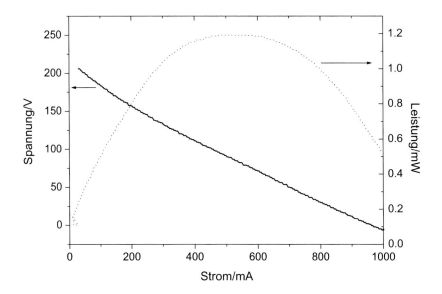

Abb. 3.14 Leistungsdaten einer typischen Brennstoffzelle

genutzten Elektrolyt (Phosphorsäure, Salzschmelze, Oxid) werden auch verwendet. Die erstgenannte Klassifizierung ist bei aller Unschärfe die populärste. Die verschiedenen Konzepte haben spezifische Vor- und Nachteile. Abb. 3.15 zeigt einen Querschnitt durch eine Brennstoffzelle mit Kalilauge als Elektrolyt. Luftsauerstoff aus der Umgebung der Zelle kann nicht unmittelbar verwendet werden, da darin enthaltenes Kohlendioxid mit der alkalischen Elektrolytlösung reagieren würde:

$$CO_2 + 2OH^- \rightarrow CO_3^{2-} + H_2O \tag{3.30}$$

Es würde bei Sättigung Kaliumcarbonat ausfallen und die poröse Luftelektrode verstopfen, zudem verdünnt das entstehende Wasser die Elektrolytlösung und vermindert so ihre ionische Leitfähigkeit. Dies erhöht die Komplexität des Systems, mit dem Aufkommen der unten vorgestellten Polymerelektrolytzellen ist das Interesse an den alkalischen Zellen nach anfänglichen spektakulären Einsätzen im APOLLO-Raumfahrtprogramm trotz des vergleichsweise hohen Wirkungsgrades dieser Zellen (60 .. 70 %) stark zurückgegangen.

Die Polymerelektrolytzelle macht insofern eine Ausnahme, als sie vom Aufbau und der Funktion ihrer Komponenten einer extrem ähnlichen Elektrolysezelle entspricht. Dies wird in Abb. 3.16 deutlich.

Abb. 3.15 Schematischer Querschnitt durch eine alkalische Brennstoffzelle

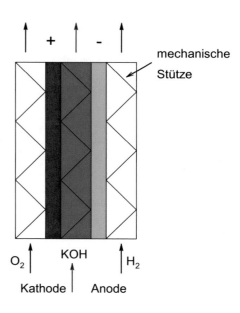

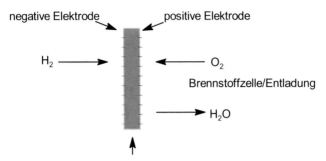

Abb. 3.16 Funktionsprinzip einer Polymerelektrolytbrennstoffzelle

Die als Elektrolyt dienende Kationenaustauschermembran besteht aus einem chemisch sehr beständigen Polymer (modifiziertes Polytetrafluoroethylen PTFE, Teflon®), in dem durch chemische Veränderung Festanionen (Sulfonsäure- oder Carboxylsäuregruppen) eingebracht sind. Kationen, hier vor allem Protonen, können durch das Polymer wandern, indem sie von Festanion zu Festanion hüpfen. Gas kann durch die Membran nicht wandern, ebenso ist die Membran für andere Stoffe wenig oder gar nicht durchlässig. Auf die Membranoberflächen werden dünne Schichten katalytisch aktiver Materialien aufgebracht. An ihnen werden der Brennstoff, meist Wasserstoff, oxidiert und – auf der anderen Seite – das Oxidationsmittel (Sauerstoff) reduziert. Im Brennstoffzellenbetrieb werden die an der negativen Elektrode oxidierten Wasserstoffatome als Protonen durch die Membran wandern. An der positiven Elektrode reagieren sie mit den dort gebildeten Sauerstoffionen. Es entsteht Wasser, das die Brennstoffzelle als einziges Produkt verlässt. Die beschichtete Membran ist in einen Zellaufbau eingebracht, der die Gaszufuhr und die Stromableitung durch poröse und elektrische leitfähige Schichten erlaubt. Da die elektrische Spannung an der Membran weniger als 1 V beträgt, werden mehrere dieser Schichtstrukturen aufeinander montiert und damit elektrisch in Serie geschaltet.

Noch attraktiver im praktischen Betrieb vor allem mit Fahrzeugen ist die Nutzung flüssiger Brennstoffe wie Alkohol anstelle von Wasserstoff. Direktmethanolzellen würden nach der Lösung von Problemen, die vor allem mit der Identifizierung von Katalysatoren für eine ausreichend schnelle und lange Zeit stabile Umsetzung des Alkohols und mit der Alkoholwanderung durch die Membran zusammenhängen, eine überaus vorteilhafte Lösung darstellen.

Bei erhöhter Temperatur (>150 °C) arbeiten Brennstoffzellen, die hoch-konzentrierte Phosphorsäure als Elektrolyt enthalten. Abb. 3.17 zeigt einen sche-matischen Querschnitt.

Die Phosphorsäure ist in einem faserigen Separator aus Siliziumkarbid fest-gelegt. Platinbelegte Kohle dient als Katalysator. Erfolgreiche stationäre Einsätze wurden berichtet.

Bei noch höheren Temperaturen (620 .. 650 °C) arbeiten Brennstoffzellen mit geschmolzenen Karbonaten (Li_2CO_3 und K_2CO_3) als Elektrolyt. Die Elektroden-reaktionen sind an der negativen Elektrode (Anode

$$H_2 + CO_3^{2-} \rightarrow CO_2 + H_2O + 2\,e^- \qquad (3.31)$$

und an der positiven Elektrode (Kathode):

$$1/2O_2 + CO_2 + 2\,e^- \rightarrow CO_3^{2-} \qquad (3.32)$$

Die Beteiligung von Kohlendioxid an beiden Elektrodenreaktionen zwingt zur Einrichtung einer Zirkulation dieses Gases. Abb. 3.18 zeigt einen schematischen Querschnitt.

Diese Brennstoffzellen sind recht anspruchslos bei eingesetzten Brennstoffen, Kohlenmonoxid, das bei anderen Typen geradezu als Gift wirkt, ist nichts anderes als ein weiterer Brennstoff für diese Zellen. Allerdings sind geschmolzene Kar-bonate chemisch recht aggressiv, Materialprobleme behindern daher die weitere Verbreitung dieser Zellen.

Abb. 3.17 Schematischer Querschnitt durch eine Brennstoffzelle mit Phosphorsäure als Elektrolyt

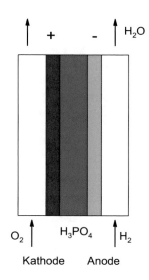

Abb. 3.18 Schematischer
Querschnitt durch eine
Brennstoffzelle mit
Karbonatschmelze als
Elektrolyt

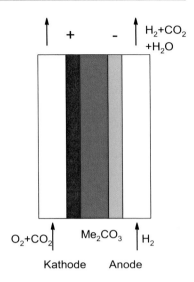

Bei noch höheren Temperaturen (>800 °C) werden Festoxidbrennstoffzellen betrieben. In ihnen dient mit Yttriumoxid Y_2O_3 stabilisiertes Zirkoniumoxid ZrO_2 (YSZ) als Festelektrolyt. Auf beiden Seiten des als Rohr oder Platte ausgebildeten Festelektrolyten werden geeignete Katalysatormaterialien in dünner, poröser Schicht aufgebracht, einen typischen Querschnitt einer Rohrkonstruktion zeigt Abb. 3.19.

Zur Erzielung einer größeren elektrischen Spannung werden Zellen in Serie geschaltet, die Parallelschaltung liefert einen größeren Strom. Abb. 3.20 zeigt dies schematisch.

Auch diese Brennstoffzellen sind bezüglich der Brennstoffe recht anspruchslos. Da Kohlenwasserstoffe ohne vorhergehende chemische Umwandlung (Reformierung) zur Gewinnung des in ihnen enthaltenen Wasserstoffs eingesetzt

Abb. 3.19 Schematischer Querschnitt durch eine Hochtemperaturbrennstoffzelle mit Festelektrolyt

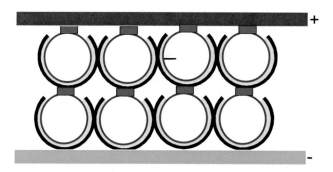

Abb. 3.20 Schematischer Verknüpfung in Serien- und Parallelschaltung von Festelektrolytbrennstoffzellen

werden können bezeichnet man diese Zellen auch als Direktbrennstoffzellen, ganz analog zur Direktalkoholbrennstoffzelle.

Tab. 3.8 gibt eine zusammenfassende Übersicht zu den wichtigsten Bennstoffzelltypen, sie enthält außerdem Hinweise auf weitere gängige Bezeichnungen.

Brennstoffzellen als reine Wandler sind im Vergleich zu anderen hier vorgestellten Konzepten nur zur Umwandlung chemischer in elektrische Energie, nicht jedoch zum umgekehrten Prozess geeignet. Die Polymerelektrolytzelle macht insofern eine Ausnahme, als sie vom Aufbau und der Funktion ihrer Komponenten einer extrem ähnlichen Elektrolysezelle entspricht. Dies wird in Abb. 3.21 deutlich.

Führt man der beschriebenen Zelle auf der positiven Seite Wasser zu und legt eine zur Wasserelektrolyse ausreichend große Spannung an, kommt es zur Sauerstoffentwicklung an der positiven Elektrode. Die freigesetzten Protonen wandern wieder, nun in entgegengesetzter Richtung, durch den Festelektrolyt, an der

Tab. 3.8 Typen und typische Eigenschaften der wichtigsten Brennstoffzellen

Elektrolyt	Kurzbezeichnung	Betriebstemperatur/°C	Brennstoff
Lauge	AFC	60–120	H_2
Polymermembran	PEMFC	60–90	H_2
Phosphorsäure	PAFC	160–220	H_2
Karbonatschmelze	MCFC	600–650	Kohlenwasserstoffe, H_2
Festelektrolyt	SOFC	800–1000	Kohlenwasserstoffe, H_2

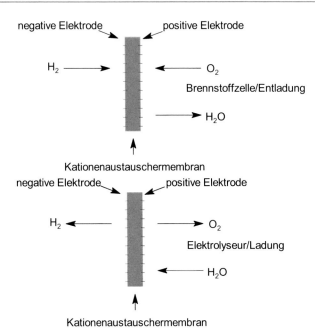

Abb. 3.21 Funktionsprinzip einer Polymerelektrolytzelle als Brennstoffzelle (oben) und als Elektrolyseur (unten)

negativen Elektrode werden sie unter Wasserstoffgasentwicklung reduziert. Die verblüffende Ähnlichkeit der Prozesse hat zum Gedanken einer bifunktionellen oder regenerativen Zelle geführt, die je nach energetischer Situation elektrische Energie durch Wasserzerlegung als chemische Energie speichert oder als Brennstoffzelle gespeicherten Wasserstoff als Träger chemischer Energie mit Sauerstoff zur Wandlung in elektrische Energie umsetzt. Neben dieser nahe liegenden Lösung, die allerdings bislang sowohl an Materialproblemen wie an Fragen einer überschaubaren und sicheren Betriebsweise gescheitert ist, wird die Bedeutung jeder Brennstoffzelle im Zusammenhang mit Energiespeicherung deutlich: Man kann elektrische Energie in einem Elektrolyseur zur Produktion von Wasserstoff nutzen (der gebildete Sauerstoff wird meist in die Umgebung entlassen, seine separate Speicherung ist wirtschaftlich nicht sinnvoll), diesen speichern und ihn mit einer Brennstoffzelle wieder zur Gewinnung elektrischer Energie nutzen. Außerdem kann der erzeugte Wasserstoff Erdgas beigemischt werden, bis zu 5 % vol. sind ohne Änderungen an gasverbrauchenden Geräten und dem bestehenden

Leitungsnetz unproblematisch. Schließlich kann bei Insellösungen fernab vom elektrischen Netz der lokal gespeicherte Wasserstoff auch zu Heizzwecken genutzt werden.

Produktion von Wasserstoff ist ein großtechnischer Prozess, der aktuell vor allem auf der chemischen Umwandlung von Erdöl und Erdgas beruht (8 % aus Erdgas, 30 % aus Prozessen in Raffinerien, 18 % aus Kohle, 4 % aus Elektrolyse). Diese Prozesse sind im Zusammenhang mit Energiespeicherung von eher geringem Interesse, da der erzeugte Wasserstoff mehr oder weniger direkt mit der Erzeugung von CO_2 in Verbindung zu bringen ist. Mit abnehmender Bedeutung von Erdöl und Erdgas wird diese Wasserstoffquelle in ihrer Bedeutung abnehmen. Zur Speicherung elektrischer Energie in Form von chemischer Energie ist die elektrochemische Zersetzung von Wasser dagegen eine attraktive Option. Grundsätzlich kann Wasserzersetzung unter Gasentwicklung stets beobachtet werden, wenn an zwei elektronisch leitende Gegenstände (Elektroden, z. B. Metall, Grafit), die in ionisch leitendes Wasser (erreichbar durch Zugabe von Elektrolyt, d. h. dissozierbarer Substanz wie Säure, Lauge, Salz) eintauchen, eine ausreichend große Spannung angelegt wird. Entsprechend der freie Enthalpie der ablaufenden Reaktion wird diese auch als Zersetzungsspannung bezeichnete Spannung $U > 1{,}229$ V sein. Da der durch die Zelle fließende Strom von den im Wasser gelösten Ionen transportiert wird, ist im Interesse eines niedrigen ionischen Widerstands und damit eines geringen Spannungsabfalls über die Lösung hohe Leitfähigkeit durch hohe Konzentration gut leitender Ionen erwünscht. Säure (mit Protonen) und Laugen (mit Hydroxylionen) sind besonders vorteilhaft. Daher haben sich für die technische Elektrolyse, wie sie auch im Zusammenhang mit der Energiespeicherung in Betracht kommt, die Nutzung alkalischer und saurer Elektrolytlösungen etabliert:

in saurer Lösung an der negativen Elektrode:

$$2H^+ + 2e^- \rightarrow H_2 \tag{3.33}$$

und an der positiven Elektrode

$$2H_2O \rightarrow 4H^+ + O_2 + 4e^- \tag{3.34}$$

Dagegen in alkalischer Lösung an der negativen Elektrode

$$2H_2O + 2e^- \rightarrow 2OH^- + H_2$$

und an der positiven Elektrode

$$4OH^- \rightarrow O_2 + 2H_2O + 4e^- \tag{3.35}$$

Für die Elektrolyse mit saurer Elektrolytlösung hat sich die Nutzung der Poly-
merelektrolytmembran wie oben beschrieben etabliert. Leider sind nur wenige
Elektrodenmaterialien vor allem an der positiven Elektrode ausreichend stabil und zudem ausreichend elektrochemisch aktiv. Dazu gehören Edelmetall
wie Iridium. Auch wenn sie nur in kleiner Menge feinverteilt eingebracht werden müssen, stellt diese ebenso wie die Nutzung einer kostspieligen Kationenaustauschermembran noch eine erhebliche Hürde dar. Der fließende Strom – und
im Sinne einer hohen Raum-Zeit-Ausbeute sind die Stromdichten und damit die
Stromstärken ganz erheblich – verursacht Spannungsabfälle an dem polymeren
Festelektrolyt und auch an allen anderen stromführende Komponenten. Dies
führt zur Wärmeentwicklung (Joule'sche Wärme). Da die Polymerelektrolyte nur
begrenzt wärmebeständig sind, muss der Temperaturkontrolle Aufmerksamkeit
und fallweise technischer Mehraufwand gewidmet werden.

Die Verwendung alkalischer Elektrolytlösungen ist großtechnisch wohl-
etabliert. Vorteilhaft ist die ausreichende Beständigkeit zahlreicher Elektrodenmaterialien wie Nickel und weitere Elemente der Eisengruppe des periodischen
Systems. Für effiziente Gastrennung ist zudem die wesentlich kleinere
Geschwindigkeit des Gastransportes in der wässrigen Elektrolytlösung durch
Diffusion „zur falschen Seite/Elektrode" von Vorteil. Wasserstoff, der zur positiven Elektrode diffundiert, wird dort elektrochemisch oxidiert, die zugeführte
elektrische Energie wird also nicht etwa zur Sauerstofferzeugung, sondern
zum Wasserstoffverzehr genutzt. Dies mindert die Effizienz, Beimengung von
Wasserstoff zum erzeugten Sauerstoff ist eher unbedeutend. Alkalische Elektro-
lyseure können wie PEM-Elektrolyseure in sehr verschiedenen Größen gebaut
und damit dem jeweiligen Einsatz angepasst werden. Sie können mit erhöhtem
Druck (bis ca. 30 bar) betrieben werden und im Einzelfall eine technisch wie
energetisch aufwendige Gaskompression vor allem in kleinen Anlagen ersparen.
Problematisch ist der Betrieb bei stark schwankendem Strom und damit Zellspannung. Dies ist bei aktuellen technischen Elektrolysen meist beherrschbar; bei
der Verknüpfung mit Wandlern für erneuerbare Energie ist dies allerdings noch
eine Herausforderung vor allem mit Blick auf ausreichend stabile Elektrodenmaterialien, die auch im Stillstand, d. h. bei fehlender Versorgung mit elektrischer
Energie, keine Korrosion oder andere nachteilige Materialveränderung zeigen.
Da bei einem alkalischen Elektrolyseur ein Separator zwischen den Elektroden
Gasvermischung ebenso wie elektrischen Kontakt der Elektroden verhindert (in
der PEM-Zelle wird diese Aufgabe vom Polymerelektrolyten übernommen), rich-
tet sich wissenschaftliches Interesse auch auf stabile und möglichst dünne Separatoren, die bei ausreichender Trennwirkung keinen unnötig hohen elektrischen
Widerstand verursachen.

Redoxbatterie

In einer Redoxbatterie finden an zwei Elektroden Redoxreaktionen mit jeweils umgewälzter Elektrolytlösung (Redox flow battery RFB) statt. Die Elektrodenpotentialdifferenz ergibt die Zellspannung. Ein typisches Beispiel ist die „All Vanadium Redox Flow Battery" AVRFB mit folgenden Elektrodenreaktionen an der positiven Elektrode

$$VO^{2+} + H_2O \overset{\text{Laden}}{\underset{\text{Entladen}}{\rightleftharpoons}} VO_2^+ + 2H^+ + e^- \qquad (3.36)$$

und

$$V^{2+} \overset{\text{Entladen}}{\underset{\text{Laden}}{\rightleftharpoons}} V^{3+} + e^- \qquad (3.37)$$

an der negativen Elektrode. Als Zellreaktion ergibt sich

$$2V^{2+} + 2VO_2^+ + 4H^+ \overset{\text{Entladen}}{\underset{\text{Laden}}{\rightleftharpoons}} 2V^{3+} + 2VO^{2+} + H_2O \qquad (3.38)$$

Die benötigten Vanadiumsalze liegen in den beiden Elektrolytlösungen vor. Da eine Vermischung zur direkten Reaktion als Komproportionierung (vgl. vorstehende Zellreaktion) und damit zur raschen Selbstentladung führen würde, müssen die beiden Lösungen durch eine Kationenaustauschermembran getrennt werden, die für alle vorkommenden Vanadiumionen undurchlässig ist. Die Protonen der als Elektrolyt dienenden Schwefelsäure werden dagegen durchgelassen. Das unmittelbar mit den Elektroden – meist filzartige Presslinge aus Grafitfasern – und der Membran im Kontakt stehende Elektrolytvolumen ist klein, bei Betrieb der Zelle werden sich zur Umsetzung benötige Reaktanden rasch ab- und Reaktionsprodukte anreichern. Zur Abhilfe werden die beiden Redoxlösungen umgepumpt – was dem System zum Namen verholfen hat und der Energiebilanz wie dem technischen Aufbau etwas zum Nachteil gereicht. Damit ergibt sich der Prinzipaufbau, wie in Abb. 3.22 dargestellt.

Zahlreiche weitere Redoxreaktionen wurden bislang untersucht, außerdem werden Kombinationen von gelösten Redoxsystemen mit Festelektroden oder mit Sauerstoffelektroden untersucht.

Ein besonderer Vorteil, nahezu ein Alleinstellungsmerkmal, dieser Systeme ist die Tatsache, dass Leistung und Energie einer RFB unabhängig voneinander festgelegt werden können. Für größere Leistung wird ein Zellenstapel mit mehr Einzelzellen (für höhere Gesamtspannung) oder größerer Fläche (für größeren Strom) verbaut, für größere Energiemengen werden die Vorratsbehälter für die

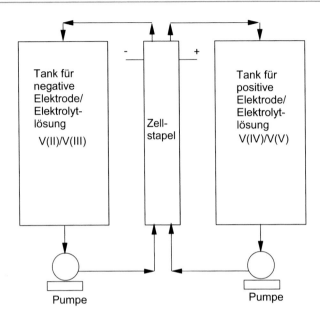

Abb. 3.22 Prinzipskizze einer RFB

Elektrolytlösungen vergrößert. Erreichbare Energiedichten – soweit eine solche Berechnung hier überhaupt sinnvoll ist – ergeben vergleichsweise großen Raumbedarf; diese Speicher sind daher bevorzugt für stationäre Anwendungen geeignet. Hier werden sie bereits seit Jahren in Größen von kW bis MW eingesetzt. Die Notwendigkeit einer Membran zur Trennung der beiden Redoxelektrolytlösungen und damit verbunden von zwei Flüssigkeitskreisläufen mit separaten Pumpen macht ungeteilte Systeme besonders vielversprechend. Verwendung nicht mischbarer Elektrolytlösungen würde zumindest die Membran ersparen. Verwendung zumindest einer Festelektrode würde eine weitere Vereinfachung versprechen.

Superkondensator
Neben der Spule (Induktivität) ist der Kondensator die einzige Möglichkeit, elektrische Energie ohne eine Wandlung in eine andere Energieform zu speichern. Das Speichervermögen selbst großer Elektrolytkondensatoren, die bis vor einigen Jahren als das maximal Erreichbare galten, waren für eine Energiespeicherung in größerem Stil – wie im gegenwärtigen Kontext – unbrauchbar. Im klassischen dielektrischen Kondensator wird durch Ladungstrennung und Sammlung positiver

und negativer Ladung auf zwei voneinander isolierten Elektroden (im einfachsten Fall des Plattenkondensators gut nachvollziehbar) wie in Abb. 3.23 schematisch dargestellt Energie gespeichert.

Die Kapazität C eines Kondensators hängt von der Fläche A der beiden Elektroden, ihrem Abstand d sowie der relativen Dielektrizitätskonstanten ε_r des isolierenden Mediums zwischen den Platten gemäß:

$$C = \frac{\varepsilon_r \varepsilon_0}{d} A \tag{3.39}$$

ab. Möglichkeiten der Kapazitätssteigerung ergeben sich zwanglos aus dieser Beziehung: Vergrößerung der Oberfläche A der Elektroden, Verminderung des Abstands d zwischen den Elektroden und Vergrößerung der relativen Dielektrizitätskonstanten ε_r. Diese Möglichkeiten wurden mit den zahlreichen Ausführungen in der Elektrotechnik und Elektronik gängigen Kondensatoren intensiv genutzt. Das kapazitive Verhalten der elektrochemischen Doppelschicht war lange bekannt, eine technische Nutzung rückte aber erst mit der Beobachtung besonders großer

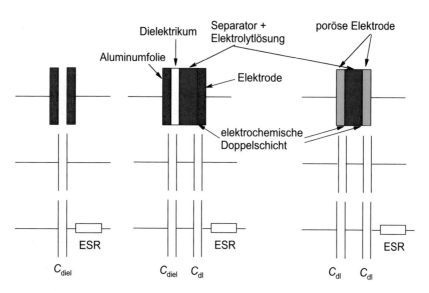

Abb. 3.23 Schematische Querschnitte, vereinfachte und erweiterte Ersatzschaltbilder eines einfachen dielektrischen Kondensators (links), eines Elektrolytkondensators (mittig) und eines elektrochemischen Doppelschichtkondensators EDLC (rechts). Induktive Elemente werden nicht gezeigt. C_{diel}: Kapazität eines Kondensators mit Dielektrikum, C_{dl}: Kapazität der elektrochemischen Doppelschicht, ESR: elektrischer Serienwiderstand

Kapazitätswerte für poröse Kohlekörper (z. B. aus mit Bindemittel verpresstem Aktivkohlepulver) im Kontakt mit Elektrolytlösungen in den Bereich der Möglichkeiten. Bringt man zwei solcher Kohlekörper in eine Elektrolytlösung erhält man zwei in Serie geschaltete Doppelschichtkapazitäten C_{dl}, die sich gemäß

$$\frac{1}{C} = \frac{1}{C_{dl}} + \frac{1}{C_{dl}} = \frac{2}{C_{dl}} \qquad (3.40)$$

zu einer Kapazität C kombinieren. Da die Speicherung der elektrischen Energie weiterhin durch Ladungstrennung hier unter Beteiligung von Elektronen im Kohlenstoff und Ionen in der Elektrolytlösung erfolgt, bezeichnet man diesen Kondensatortyp als elektrochemischen Doppelschichtkondensator (EDLC). Einen schematischen Querschnitt zeigt Abb. 3.24.

Zwar ist die zulässige elektrische Spannung dieses Kondensators durch das Einsetzen der elektrolytischen Zersetzung der Elektrolytlösung ähnlich dem

Abb. 3.24 Schematische Darstellung eines Doppelschichtkondensators

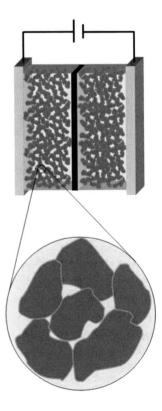

Gasen eines Bleiakkus bei Überladung begrenzt, aber die nun möglichen vorher unvorstellbaren Kapazitäten lassen sich in geeigneter Serie und Parallelschaltung zu Kombinationen mit technisch sinnvollen Spannungen verknüpfen. Die möglichen elektrischen Leistungen und damit Leistungsdichten sind denen von Sekundärbatterien und anderen Speichern um Größenordnungen überlegen, die Energiedichten liegen allerdings noch immer bei einem Bruchteil der mit z. B. Lithiumionenbatterien erreichbaren Werte. Dennoch erlauben Superkondensatoren praktische Anwendungen einschließlich der Steigerung von Wirkungsgraden auch in Kombination mit anderen Speichersystemen, die mit bisher bekannten Speicher- und Wandlersystemen kaum vorstellbar waren. Beispiele werden in diesem Buch im einleitenden Überblick und im folgenden Kapitel dargestellt.

Eine grundsätzliche Herausforderung sind die vollkommen verschiedenen Spannungsverläufe beim Laden und Entladen einer Batterie und eines Superkondensators (Abb. 3.25).

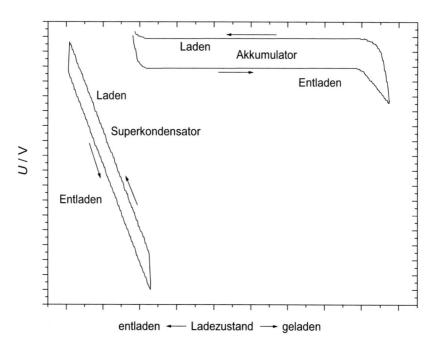

Abb. 3.25 Spannungsverläufe bei Laden und Entladen eines Superkondensators und einer Batterie

Je nach Anwendung kann diesen unterschiedlichen Verhaltensweisen Rechnung getragen werden. Im einfachsten Fall kann bereits eine simple Parallelschaltung dem kurzzeitig erhöhten Leistungsbedarf z. B. eines Mobiltelefons Rechnung tragen. Dabei wird nur wenig Ladung aus dem Kondensator entnommen, seine Spannung verändert sich also kaum. Möchte man mehr von der Kapazität nutzen werden Spannungswandler nötig, die zwischen den Systemen vermitteln.

Höhere Energiedichten werden durch Nutzung von Redoxreaktionen auf der Partikeloberfläche angestrebt. Das Prinzip der Vermeidung elektrochemischer Umwandlungen wird damit zwar aufgegeben, durch Begrenzung auf oberflächennahe Prozesse werden die Nachteile der vergleichsweise langsamen Prozesse in Batterieelektroden zumindest in Grenzen gehalten. Steigerungen des Speichervermögens um bis zu zwei Größenordnungen werden für möglich gehalten. Die damit angesprochene Angleichung der Konzepte Superkondensator und Sekundärbatterie wird in Abb. 3.26 nochmals verdeutlicht, dort findet sich auch der bereits angesprochene Unterschied zwischen Hochleistungsbatterie „high power" und Hochenergiebatterie „high energy" wieder.

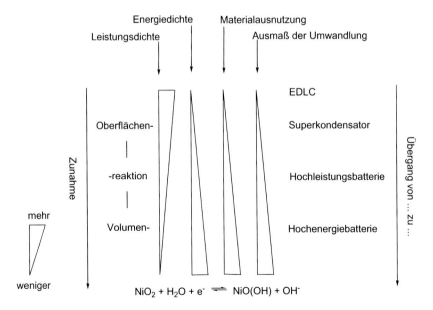

Abb. 3.26 Zusammenhänge zwischen Eigenschaften und Veränderungen bei Batterien und Kondensatoren

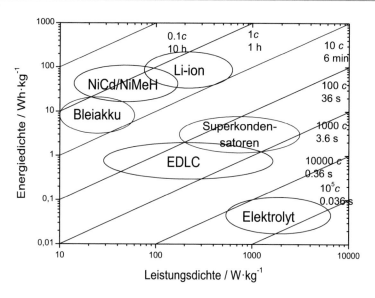

Abb. 3.27 Ragone-Darstellung gängiger elektrochemischer Energiespeicher, übliche Kurz-bezeichnungen: Elektrolyt: Elektrolytkondensator; EDLC: Elektrochemischer Doppelschicht-kondensator, Hilfslinien: Entladezeiten bei in *c*, d. h. nomineller Kapazität angegebener Entladerate

Ein abschließender Vergleich

Verschiedene Speicher und Wandler werden oft miteinander verglichen, mit-unter spielen eine bestimmte Anwendung oder ein besonderer Aspekt eine Rolle. Besonders populär sind Ragone[5]-Diagramme, in denen gravimetrische Energie- und Leistungsdichte miteinander verknüpft dargestellt werden (Abb. 3.27).

Zahlreiche Varianten sind bekannt. Neben der Mischung linearer und loga-rithmischer Achsen werden auch volumetrische Dichten dargestellt. Besondere Vorsicht ist geboten, wenn Speicher und Wandler gemischt werden. Daher ist in diesem Bild die Brennstoffzelle nicht enthalten, die Energiedichten wären nicht sinnvoll vergleichbar hoch. Gleiches gilt für Redoxbatterien. Im gezeigten Bild ist das in Forschung und Entwicklung angestrebte Ziel klar erkennbar: oben rechts.

---

[5]Benannt nach dem ehemaligen Präsidenten der Case Western Reserve University David V. Ragone. In einer Übersicht zu elektrochemischen Energiespeichern für Fahrzeuge hat er die später nach ihm benannte Darstellung 1968 erstmalig vorgeschlagen.

Elektrochemische Energiespeicher und typische Anwendungen

4

Die im vorangegangenen Kapitel vorgestellten Verfahren der elektrochemischen Energiewandlung haben zu zahlreichen Systemen geführt, die in zahllosen technischen Anwendungen elektrischer und elektronischer Geräte im Alltag unentbehrlich geworden sind. Viele dieser Anwendungen sind wegen ihres Einsatzortes oder aus anderen technischen wie persönlichen Gründen nicht aus dem Stromnetz versorgbar. Typischerweise sind dies:

- Anlagen der Telekommunikation in abgelegenen Regionen
- Einrichtungen und Betriebsmittel der Seefahrt, der Luftfahrt und der Raumfahrt
- Mobile und portable Geräte[1] der Telekommunikation, der Unterhaltungselektronik, der Freizeitgestaltung

Viele Anwendungen elektrischer Energie sind auf eine kontinuierliche und unterbrechungsfreie Stromversorgung auch bei Beeinträchtigungen oder Ausfall der Netzversorgung existenziell angewiesen:

- Krankenhäuser
- Leiteinrichtungen des Straßenverkehrs, der Eisenbahn, der Luft- und der Schifffahrt
- Großrechenanlagen und Rechenzentren von Banken, Versicherungen und der öffentlichen Verwaltung

---

[1]Die Abgrenzung zwischen portabel und mobil ist nicht verbindlich definiert, vermutlich kommt die Annahme, dass jede vom elektrischen Netz unabhängige und nicht ortsgebundene Anwendung als mobil, und jede zudem noch tragbare Anwendung als portabel bezeichnet wird, einer solchen Abgrenzung nahe.

© Springer Fachmedien Wiesbaden GmbH, ein Teil von Springer Nature 2019
R. Holze, *Elektrische Energie*, essentials,
https://doi.org/10.1007/978-3-658-26572-4_4

Aus technischen, wirtschaftlichen und ökologischen Gründen besteht ein zunehmendes Interesse daran, Fahrzeuge aller Art nicht mehr mit Verbrennungs-, sondern mit Elektromotor anzutreiben:

- Personenkraftwagen
- Lastkraftwagen und Fahrzeuge aller Art
- Flurförderfahrzeuge
- Fahrräder

Für all diese Anwendungen werden seit Jahren als die zwingend erforderlichen Speicher elektrischer Energie bevorzugt elektrochemische Systeme eingesetzt.

Speicherung im elektrischen Netz

Mit der zunehmenden Nutzung erneuerbarer Energie ist ein weiteres Anwendungsfeld hinzugekommen. Neben der oben bereits erörterten Bereitstellung von Regelenergie ist die Energiespeicherung auch für längere Zeiträume bei vergleichsweise kleinen Anlagen attraktiv. Zahllose aus Solarzellen versorgte Beleuchtungsanlagen, Notrufsäulen, Signalanlagen und Verkaufsautomaten sind ohne ausreichende Speicher zur Überbrückung sonnenarmer Zeiträume nicht sinnvoll betreibbar. Diese Anwendungen benötigen Speicher, die weitgehend wartungsfrei relativ kleine Energiemengen bei nur mäßigen Leistungen speichern. Hier werden Akkumulatoren gängiger Bauarten, nach dem Stand der Technik werden dies meist Lithiumionenbatterien sein, eingesetzt. Speicherung in ganz anderen Größenordnungen wird im Zusammenhang mit dem verstärkten Einsatz erneuerbarer Energien notwendig. Elektrochemische Speicher gleich welchen Prinzips sind im Vergleich zu anderen Speichersystemen bezogen auf die gespeicherte Energiemenge meist deutlich teurer. Dies schließt ihren Einsatz als Universalspeicher aus. Eine Einzelfallprüfung kann dennoch immer wieder zu einer technisch wie wirtschaftlich attraktiven elektrochemischen Speicherlösung führen.

Kleine, netzferne Speicher für technische Anlagen mit mäßigem Energiebedarf wie Sendeanlagen benötigen Speicher mit relativ kleiner Leistung und einem für die erwartete Dauer ausbleibender Ladung aus Fotovoltaik oder Windenergie ausgelegten Energiespeichervermögen. Redox-Flow-Batterien wären eine denkbare Lösung. Eine kommerzielle Ausführung für eine solche Anwendung zeigt Abb. 4.1.

Größere Speicher, die in der Vergangenheit vor allem kleine Netze ohne Verbindung zu großen, weiträumigen Netzen vor Unwägbarkeiten wie Schäden durch Blitzschlag oder Ausfall lokaler Energiewandler geschützt haben, waren meist auf konventionelle Akkumulatoren wie Bleiakkus gestützt. Dies galt und

Abb. 4.1 All-Vanadium RFB, 8 kW Maximalabgabeleistung, 10 kW Maximalaufnahmeleistung, Speichervermögen 16 kWh, Yinfeng New Energy, China

gilt auch für die teilweise umfangreichen Anlagen zur unterbrechungsfreien Stromversorgung. 1986 hat der Berliner Energieversorger BEWAG einen Speicher mit 7080 Zellen in Betrieb genommen, der als Quelle primärer Regelenergie und zur Frequenzstabilisierung des Berliner Netzes diente, das nicht mit dem westeuropäischen Verbundnetz verknüpft war. Seine abgegebene Leistung war je nach Funktion auf 8,5 oder 17 MW begrenzt. 1993 war der Anschluss an das Verbundnetz erreicht, und nach weiteren zwei Jahren als Reserve wurde der Speicher außer Betrieb genommen. Insgesamt ist der Anteil von Bleibatterien an der weltweit installierten Speicherkapazität eher gering, Tab. 4.1 zeigt dies.

In jüngster Zeit werden für Speicher zur Bereitstellung von Regelenergie Lithiumionenbatterien eingesetzt. Ein in Chemnitz seit 2017 betriebener Speicher auf der Grundlage dieser Technologie liefert bei einem Speichervermögen von 15,9 MWh und 10 MW Leistung immerhin 1 % der in Deutschland nötigen Primärregelenergie.

Tab. 4.1 Weltweit installierte Speicherkapazität für elektrische Energie 2010. (Quelle: EPRI)

Typ	Installierte Kapazität/MWh
Pumpspeicherkraftwerk	127000
Druckluftspeicher	440
Natrium-Schwefel Batterie	316
Bleiakku	~ 35
NiCd-Batterie	27
Schwungrad	< 25
Lithiumionenbatterie	~ 20
Redoxbatterie	< 3

Der verstärkte dezentrale Einsatz elektrochemischer Speicher näher an Verbraucher wie Erzeuger hat weitere nicht unmittelbar augenfällige Vorteile. Ein lokaler Ausgleich von Verbrauchsspitzen durch z. B. den Einsatz von Superkondensatoren zum Abfangen von Lastspitzen beim Hochfahren elektrischer Maschinen bewirkt unmittelbar eine Netzentlastung. Da die Auslegung eines Versorgungsnetzes zudem regelmäßig von der maximalen Belastung ausgeht, wird die Nutzung des Netzes durch Verminderung der Schwankung zwischen minimaler und maximaler Belastung verbessert. Aktuell wird z. B. in den USA die Übertragungskapazität des Netzes nur zu ca. 50 % genutzt, aktuelle Überlegungen zum Netzausbau in Deutschland lassen hier eine ähnliche Situation vermuten. Eine verstärkte Nutzung der Übertragungskapazität vermindert naturgemäß die systemimmanenten Reserven, eine Netzstabilität so hoch wie bisher ist also nur um den Preis zusätzlicher stabilisierender Maßnahmen möglich.

Speicherung in mobilen Anwendungen
Oft bringt erst eine Kombination elektrochemischer Systeme ihre besonderen Vorteile zum Tragen. Zur Versorgung eines Fahrzeugantriebs sind Sekundärbatterien (Lithiumionenbatterien) oder Brennstoffzellen denkbar. Die begrenzte Leistung beider Systeme schränkt die Fahrzeugdynamik ein. Außerdem ist die Nutzung der beim Bremsen grundsätzlich rückgewinnbaren Energie nicht möglich. In einer Brennstoffzelle ist eine Wandlung elektrischer Energie in chemische Energie durch Elektrolyse zwar auf den ersten Blick scheinbar einfach möglich, praktisch jedoch schon bei kleiner Leistungsaufnahme einer Zelle nicht praktikabel. Die beim Bremsen zur Erzielung eines kurzen Bremswegs erforderliche hohe Leistungsaufnahme ist vollkommen ausgeschlossen. Bei Sekundärbatterien stellt sich die Situation etwas vorteilhafter dar, auch hier ist eine ausreichend

hohe Leistungsaufnahme z. B. einer Lithiumionenbatterie nur um den Preis einer verkürzten Batterielebensdauer wegen beschleunigter Alterung und vor allem erheblich gesteigerter Betriebsrisiken möglich. Eine Kombination mit einem Superkondensator (dies wird stets eine Kombination von mehreren Zellen in Serien- und Parallelschaltung zur Erzielung ausreichender Betriebsspannung und Stromstärke sein; hier wird vereinfacht von einem Superkondensator statt von einer Superkondensatorbank, Modul o. ä. gesprochen) bringt den entscheidenden Vorteil: Er nimmt die hohe Bremsleistung auf und stellt sie bei der nächsten Beschleunigung wieder zur Verfügung. Da er einer geringeren Alterung als die meisten Sekundärbatterien unterliegt, gleicht er zudem Leistungseinbußen durch Batteriealterung aus. Schließlich ermöglicht er eine optimierte Dimensionierung von Batterie wie Brennstoffzelle. Sie müssen nicht für die maximale Leistungs-anforderung ausgelegt werden, sondern können an den durchschnittlichen Leistungsbedarf angepasst werden, Leistungsspitzen liefert der Superkondensator. Vor allem bei Brennstoffzellen hat dies den Vorteil, dass sie unter Bedingungen optimalen Wirkungsgrades und gleichmäßiger Belastung betrieben werden kön-nen. Diese Kombinationen von Speichersystemen werden auch als Hybrid-speicher bezeichnet.

Die sehr unterschiedlichen Leistungscharakteristiken von Sekundärbatterie und Superkondensator können auch bei Fahrzeugen des öffentlichen Personen-nahverkehrs genutzt werden. Ein üblicher Linienbus legt zwischen Haltestellen Wegstrecken von einigen hundert Metern bis wenigen Kilometern zurück. Ent-sprechend häufig sind Brems- und Beschleunigungsvorgänge. Im Überland-verkehr verschiebt sich dieses Verhältnis, Bremsen und Beschleunigen werden relativ seltener. Es liegt daher nahe, im ersten Beispiel Superkondensatoren als Speicher einzusetzen. Sie können während der kurzen Aufenthalte an Haltestellen ausreichend aufgeladen werden, je nach Haltestellenabstand sind nur ausgewählte Haltestellen mit der nötigen Ladetechnik auszurüsten. Solche Superkondensator-busse (Abb. 4.2) wurden anlässlich der Expo in Shanghai 2010 erstmalig in grö-ßerem Umfang eingesetzt, nachdem sie in Prototypen seit 2005 intensiv erprobt worden waren.

Im Vergleich zu batteriebetriebenen Fahrzeugen ergeben sich ca. 40 % Kosten-ersparnis bei der Beschaffung und Kostenersparnisse von ca. 200.000 US$ bei Treibstoffkosten während der projektierten Lebensdauer. Die vergleichsweise hohen Kosten von Batterien, die zudem in einem der erwarteten Fahrtstrecke zwi-schen Wiederaufladung entsprechendem Umfang dimensioniert werden müssen, machen sich ebenso nachteilig bemerkbar wie das erhebliche Mehrgewicht. Die begrenzten Ladeströme von Batterien machen Nachladen an ausgewählten Halte-stellen zu einer nur begrenzt attraktiven Option. Betreibt man dagegen einen Bus

Abb. 4.2   Superkondensatorbus der Linie 26 an einer Haltestelle auf der Renmin-Straße in Shanghai

über längere Strecken ist die Verwendung von Superkondensatoren als alleinige Speichermöglichkeit unzweckmäßig, hier wird man eine Batterie oder Brennstoffzelle als Hauptenergiequelle einsetzen. Mit einem Superkondensator können weiterhin Leistungsspitzen beim Bremsen und Beschleunigen ausgeglichen werden. Derartige Abwägungen haben bei den Verkehrsbetrieben in Shanghai zur Beschaffung von Bussen geführt, die sowohl Superkondensatoren wie Batterien enthalten. In vorstehenden Betrachtungen stehen technische und energetische Gesichtspunkte im Mittelpunkt. Beschränkt man sich auf sie ist die Entscheidung vieler Verkehrsbetriebe zum Kauf von Batterie- statt Superkondensatorbussen kaum verständlich. In eine solche Kaufentscheidung werden aber wirtschaftliche Gesichtspunkte stets mit einfließen. Bei der Umstellung einer bislang mit Dieselbussen betriebenen Linie verursacht die Anschaffung der Fahrzeuge nur einen Teil der Gesamtkosten. Die entsprechende Ladeinfrastruktur verursacht ebenfalls erhebliche Aufwendungen. Bei einem Batteriebus wird sich dies auf die Installation einer Ladestation beschränken, die meist im Betriebshof ganz entsprechend der bereits betriebenen Tankstelle eingerichtet werden kann. Für einen Superkondensatorbus sind dagegen Ladestationen entlang der Strecke erforderlich. Um das hohe Stromaufnahmevermögen eines Superkondensators nutzen zu können, müssen diese Ladestationen zudem für kurze Zeiten hohe Ströme abgeben können. Dies kann beim Fehlen eines ausreichenden elektrischen Netzes weitere Kosten verursachen. Nach aktuellem Stand sind bereits Batteriebusse bei typischen Reichweiten mit einer Ladung von 200 … 250 km möglich; Betriebskosten können um 60 %, Instandhaltungskosten um 75 % niedriger sein.

Ob ein Fahrzeug als Hybridfahrzeug gemäß einer UNO-Definition bezeichnet werden kann hängt davon ab, ob es zwei unabhängige Energiewandler nebst zugehörigen Speichern an Bord hat, die beide unabhängig voneinander das Fahrzeug antreiben können. Bei der Mehrzahl der betrachteten Beispiele dürfte dies nicht zutreffen.

Speicherung in Schienenfahrzeugen
Zutreffen dürfte dies auf Schienenfahrzeuge, die Batterien, Dieselmotoren, Brennstoffzellen und Oberleitungen sinnfällig kombinieren. Im Projekt EcoTrain werden Dieselmotoren in Triebwagen der Baureihe VT 642 durch dieselelektrische Antriebe ersetzt. Der Dieselmotor treibt einen elektrischen Generator an, die erzeugte elektrische Energie versorgt die das Fahrzeug antreibenden Elektromotoren an den Radsätzen. In ebenfalls eingebauten Batterien wird elektrische Energie, die nicht zum Vortrieb genutzt wird, gespeichert. Batteriebetrieben kann das Fahrzeug mit abgeschaltetem Dieselmotor z. B. in Tunnels oder in dichtbesiedelten Gebieten fahren. Zudem ist ein regeneratives Bremsen möglich; hierfür werden in einer Weiterentwicklung des Konzeptes Superkondensatoren sinnvoll sein. Die behauptete Energiespeicherung beim Bremsen in den verbauten Lithiumionenbatterien dürfte wenig aussichtsreich sein. Im Triebwagen Coradia iLint (ALSTOM) liefern zwei mit Druckwasserstoff versorgte Brennstoffzellen 200 kW elektrische Energie. Zum Anfahren und Beschleunigen werden aber bis zu 800 kW benötigt. Diese Mehrleistung liefern kurzfristig ebenfalls eingebaute Lithiumionenbatterien.

In Lokomotiven ist eine Kombination von Energiespeichern und -quellen ebenfalls realisierbar. In der Lokomotive DE75BB von Gmeinder sind der Einbau eines Dieselaggregats mit angebautem Generator und einer Batterie möglich. In den beiden Drehgestellen der vierachsigen Lokomotive treiben vier Motoren die Achsen an. Betrieb mit nur einer Energiequelle oder mit beiden Quellen ist möglich, damit kann energieeffizient sowohl dem Leistungsbedarf im aktuellen Einsatz wie den Umgebungsbedingungen (z. B. abgasfreier Betrieb) Rechnung getragen werden. Versorgung über eine Stromschiene (z. B. in S-Bahn-Netzen oder auf Werksbahnen) mit Gleichstrom (750 V) ist ebenfalls denkbar. Versorgung aus dem Oberleitungsnetz ist wegen der dort meist weit höheren elektrischen Spannung und – bei Bahnen in Deutschland – der verwendeten Wechselspannung wegen dann meist nötiger gewichtsträchtiger Zusatzaggregate wie Transformatoren derzeit kaum vorstellbar.

Eine besondere Herausforderung bei Lokomotiven stellt das „last mile"-Problem dar. Häufig endet der Ausbau der Oberleitung an Anschlussgleisen zu Bahnkunden, Abstell- und Ladegleisen oder Rangiergleisen. Die zur Beförderung eines Zuges eingesetzte und an die Stromversorgung durch die Oberleitung gebundene Lokomotive kann diese Abschnitte nicht bedienen, eine meist dieselbetriebene Lokomotive samt Personal muss für den unregelmäßigen und mitunter nur seltenen Einsatz vorgehalten werden. Einbau eines vergleichsweise kleinen Speichers, der die Elektrolokomotive bei naturgemäß eingeschränkter Leitung zur Bedienung dieser kurzen Anschlussstrecken in die Lage versetzt, ist die Lösung. Statt derzeit noch verwendeter kleiner Dieselaggregate sind Batteriespeicher oder vorteilhafte Superkondensatorspeicher in der Erprobung.

Stand und Ausblick 5

Elektrochemische Energiewandler und -speicher haben neben zahlreichen Vorteilen meist einen im Vergleich zu anderen Systemen entscheidenden Nachteil: Sie sind relativ teuer. Zahlreiche Forschungs- und Entwicklungsarbeiten zielen auf den Ersatz kostspieliger Materialien durch preisgünstigere und vergleichbar leistungsfähige Stoffe. Die dabei erzielten Erfolge sind bereits im Einzelfall spektakulär, dennoch werden sie zu großen Energiespeichern wie Pumpspeicherkraftwerken keine kostengünstigere Alternative werden. Ihre besonderen Eigenschaften, vor allem ihre je nach Typ schnelle bis sehr schnelle Reaktionszeit, machen sie für Anwendungen zur Netzregelung und -stabilisierung unentbehrlich. Ihre an keine topografischen Gegebenheiten (wie bei Speicherkraftwerken) gebundene Ortswahl macht sie für Anwendungen fernab des elektrischen Netzes auf Inseln attraktiv, hier konkurrieren sie auch nicht mit preiswerten Großspeichern sondern mit Dieselaggregaten. Diesen Preiswettbewerb können sie gewinnen. Technische Vorteile wie Emissionsarmut und leichte Skalierbarkeit verbessern ihre Position.

In zahlreichen Anwendungen stellt sich ihre Wettbewerbsfähigkeit ganz anders und nicht auf Materialkosten beschränkt dar. Der Einsatz von Superkondensatoren in Verbindung mit elektrischen Maschinen bei industriellen Anwendern vermag die kurzfristige Netzbelastung beim Anfahren industrieller Anlagen dramatisch zu reduzieren. Bei einer Strompreisberechnung unter Berücksichtigung des aus dem Netz entnommenen Spitzenstrombedarfs ergibt sich daraus eine Kostenreduktion, der die nur scheinbar hohen Anschaffungskosten dieser Speicher rasch amortisiert. Ähnliche Überlegungen gelten in der Nutzung elektrischer Energie beim Fahrzeugantrieb. Vor allem im Nahverkehr sind elektrische Antriebe gefragt, die neben einem hohen Wirkungsgrad des Antriebsstrangs (vom Speicher bis zum Rad) auch eine wirksame Nutzung der beim rekuperativen Bremsen frei

© Springer Fachmedien Wiesbaden GmbH, ein Teil von Springer Nature 2019 69
R. Holze, *Elektrische Energie,* essentials,
https://doi.org/10.1007/978-3-658-26572-4_5

werdenden Energie ermöglichen. Zahlreiche erfolgreiche Beispiele der Nutzung von Superkondensatoren in Omnibussen, Straßenbahnen und Untergrundbahnen zeigen neben der technischen Machbarkeit die wirtschaftliche Überlegenheit im Vergleich zu konventionellen Antrieben mit Verbrennungsmotoren auf. Weitere technische wie wirtschaftliche Vorteile ergeben sich auch hier ganz zwanglos, wenn bei der Neukonstruktion von Fahrzeugen nicht mehr wie bisher gewohnte Konzepte nur mehr oder weniger gut an elektrische Konzepte angepasst werden, sondern wenn eine grundlegende Neukonstruktion erfolgt. Vereinzelt beobachtete Entscheidungen mit einem Blick verengt auf rein politisch-ökonomische Aspekte werden dabei vermutlich in die Irre führen. Die Beschaffung batteriebetriebener Busse für Großstädte ist technisch von sehr zweifelhaftem Wert angesichts der wohlbekannten Nachteile dieser Technik im Vergleich zur anderenorts bereits breiten Nutzung von Superkondensatoren. Der Hinweis, dass Hersteller solcher Fahrzeuge in Europa leider nicht anzutreffen seien illustriert unfreiwillig und überaus deutlich bedauerliche Resultate jahrzehntelanger Fehlentwicklungen. Er macht die Fehlentscheidung aber nicht sinnvoller.

In Fahrzeugen für den Individualverkehr wie auch Fahrzeugen für längere Strecken außerhalb von Ballungsräumen stellen sich andere Herausforderungen. Es mag dabei bezweifelt werden, ob die Ausstattung von Autobahnen mit elektrischen Oberleitungen wirklich eine sinnvolle Lösung im Vergleich zu einem angemessenen Ausbau einer Schieneninfrastruktur darstellt. Gewiss werden elektrisch angetriebene Fahrzeuge zur Personen- wie Güterbeförderung nicht nur wirtschaftlich-technisch unentbehrlich bleiben, sie werden auch individuellen Bedürfnissen entsprechend verlangt werden. Bereits verfügbare Systeme auf der Grundlage von Batterien als Speicher wie Brennstoffzellen als Wandler kommen in ihrer Reichweite an typische Werte von verbrennungsmotorbetriebenen Fahrzeugen heran. Ihr Preis liegt aber meist weit über marktverträglichen Werten. Hier können die erwähnten Fortschritte zu einer allmählichen Verbesserung führen. Für Fahrzeuge des Güterverkehrs ist eine derartige Entwicklung aktuell schwerer vorstellbar. Zudem werden die erhofften ökologischen Vorteile erst realisiert, wenn die zum Laden der Speicher und zur Herstellung des Wasserstoffs zum Betrieb von Brennstoffzellen benötigte elektrische Energie aus erneuerbarer Energie gewonnen wird.

Eine vollständige Engführung auf wirtschaftliche Gesichtspunkte wird der Vielseitigkeit der sich stellenden Probleme bei der Nutzung erneuerbarer Energien, der Vermeidung von unerwünschten Emissionen aller Art und der Weiterentwicklung technischer Geräte aller Art vermutlich nicht gerecht. Weit außerhalb der Elektrochemie liegende Fragen nach der Sinnhaftigkeit einer exzessiven

Wegwerfmentalität und einer wenig nachhaltigen Produktions- und Konsummentalität werden bei ihrer Beantwortung zusammen mit den hier skizzierten technischen Möglichkeiten und Lösungen erst zu tragfähigen und allgemein akzeptierten Konzepten führen.

Was Sie aus diesem *essential* mitnehmen können

Elektrochemische Verfahren zur Energiewandlung und -speicherung sind nicht nur historisch und gegenwärtig in praktisch allen Lebensbereichen omnipräsent und unverzichtbar, sie sind auch in einer zukünftigen Energielandschaft auf allen Ebenen, von Großspeichern als integraler Netzbestandteil bis zu kleinsten Speichern in der Sensorik und Medizintechnik unentbehrlich. Intensive Bemühungen in Forschung und Entwicklung werden zu weiteren Kostenreduktionen und zum Übergang auf breiter verfügbare Rohstoffe und umweltverträglichere Technologien führen. Damit werden die ohnehin gegebenen Stärken der Verfahren: im Vergleich hohe Wirkungsgrade, weitgehende Skalierbarkeit von ganz klein bis sehr groß, Emissionsfreiheit am Einsatzort noch verstärkt werden. In jedem Fall wird die technische wie wirtschaftliche Entwicklung vermutlich einfache, auf wenige Verfahren und Systeme beschränkte Lösungen, wie sie in der Vergangenheit gängig waren, durch kompliziertere, im Endeffekt aber hoffentlich nachhaltigere und umweltverträglichere Lösungen ersetzen.

© Springer Fachmedien Wiesbaden GmbH, ein Teil von Springer Nature 2019
R. Holze, *Elektrische Energie,* essentials,
https://doi.org/10.1007/978-3-658-26572-4

Zum Weiterlesen

In zahlreichen Büchern werden Teile dieses Buches mit Blick auf wissenschaftliche, technische, wirtschaftliche und soziale Aspekte vertieft dargestellt. Folgende Liste ist nur eine momentane Auswahl:

R. Holze: Beiträge der Elektrochemie zu einer sich wandelnden Energielandschaft; Sitzungsberichte der Sächsischen Akademie der Wissenschaften zu Leipzig Mathematisch-Naturwissenschaftliche Klasse Bd. 133; S. Hirzel Verlag, Stuttgart/Leipzig 2018;

I. Buchman: Batteries in a Portable World;

Future Energy – Improved, Sustainable and Clean Options for Our Planet (T. M. Letcher Hrsg.) Elsevier, Amsterdam 2014;

M. Sterner, I. Stadler: Energiespeicher – Bedarf, Technologien, Integration, Springer Vieweg, Berlin 2014;

M. Zapf: Stromspeicher und Power-to-Gas im deutschen Energiesystem, Springer Vieweg, Wiesbaden 2017;

Electrochemical Energy (P. K. Shen, C.-Y. Wang, S. P. Wang, S. P. Jiang, X. Sun, J. Zhang Hrsg.) Taylor & Francis Group, Boca Raton 2016;

Electrochemical Energy Storage for Renewable Sources and Grid Balancing (P. T. Moseley, J. Garche Hrsg.) Elsevier, Amsterdam 2015.

© Springer Fachmedien Wiesbaden GmbH, ein Teil von Springer Nature 2019
R. Holze, *Elektrische Energie,* essentials,
https://doi.org/10.1007/978-3-658-26572-4

Printed in the United States
By Bookmasters